生而有罪

深入剖析人性的至暗时刻

[英] 茱莉亚·肖（DR. JULIA SHAW） 著　张翔 译

北京理工大学出版社
BEIJING INSTITUTE OF TECHNOLOGY PRESS

图书在版编目（CIP）数据

生而有罪 /（英）茱莉亚・肖著；张翔译. —北京：北京理工大学出版社，2020.5（2022.5重印）

书名原文: MAKING EVIL:THE SCIENCE BEHIND HUMANITY'S DARK SIDE

ISBN 978-7-5682-8346-5

Ⅰ. ①生…　Ⅱ. ①茱…　②张…　Ⅲ. ①心理学－通俗读物　Ⅳ. ①B84-49

中国版本图书馆CIP数据核字（2020）第057847号

北京市版权局著作权合同登记号：图字01-2020-0989

出版发行 / 北京理工大学出版社有限责任公司
社　　址 / 北京市海淀区中关村南大街 5 号
邮　　编 / 100081
电　　话 /（010）68914775（总编室）
（010）82562903（教材售后服务热线）
（010）68948351（其他图书服务热线）
网　　址 / http：//www. bitpress. com. cn
经　　销 / 全国各地新华书店
印　　刷 / 天津光之彩印刷有限公司
开　　本 / 710 毫米 × 1000 毫米　1/16
印　　张 / 14
字　　数 / 160 千字
版　　次 / 2020 年 5 月第 1 版　2022 年 5 月第 3 次印刷
定　　价 / 49. 80 元

责任编辑 / 施胜娟
文案编辑 / 施胜娟
责任校对 / 周瑞红
责任印制 / 李志强

谨以此书献给充满求知欲的你们

屠灭恶龙者，自身亦成为恶龙。

——弗里德里希·尼采《善恶的彼岸》

序　言

解读饥渴

1881年，19世纪著名的德国哲学家弗里德里希·尼采写了一句话："一旦你想到邪恶的东西，你就已经开始滋生邪念了。"当我们邪恶地看待某个事物的时候，这个事物就会变得很邪恶。尼采认为"邪恶"是一种很主观的个人体验，而非人类与生俱来的特征或行为。

这本书探讨了"邪恶"背后的科学和与之相关的概念，研究了人类的虚伪、邪恶的荒谬、平凡的疯狂及同理心。我给你们出个难题：重新思考并定义"邪恶"。

在过去的13年中，作为一名学生、讲师以及研究人员，我很乐意与听众讨论邪恶的本质。我最喜欢做的事便是摧毁"非黑即白、非善即恶"这一观念，并通过细微的差别和科学的洞察力取而代之。我希望在讨论那些原先我们觉得自己做不到也无法理解的行为时，能够更聪明一些。如果我们没有办法理解他人，就有可能剥夺他人的人性、轻视他人。我们有能力，也应该试着去了解我们所谓的"邪恶"。

我们先试着做一个邪恶同理心的练习：想一想你曾经做过的最糟糕的一件事情，这件事情可能让你感到难以启齿，其他人也会因此看轻你，比如不忠、偷窃、撒谎。想象一下所有人都知道这件事情，并因此而批判你，不停地给你取很多与之相关的蔑称。你感觉如何？

这些人简直面目可憎，为什么他们要抓住我们后悔的事情不放，一直指责我们呢？然而，我们也经常这么对待他人。当事情发生在自己身上的时候，我们会结合细微的差异、当前的情况和所遇到的困难来综合考虑，而当事情发生在别人身上的时候，我们却无视这些因素，只看到结果。在这种结果面前，我们会用罪大恶极的词汇定义人性的复杂，比如强奸犯、小偷、骗子、精神病和恋童癖。

这些词汇都是我们结合他人的行为和自己的看法，强行给他人贴上的标签。我们妄想一言以蔽之，凭着一个词就能摸清他人的真实人格，从而贬低对方，顺便告诉其他人：此人不靠谱，此人会伤害其他人，此人泯灭人性，此人令人恐惧。这种人坏透了，根本不值得我们同情，正常人是理解不了他们的，他们无药可救。这些人简直太邪恶了！

但是，这都是些什么人呢？要知道，每个人经常会想甚至做一些他人觉得很卑鄙的事情，这也许有助于我们理解所谓的邪恶本质。一定有人觉得你的生活是充满邪恶的。你吃肉吗？你是银行从业者吗？你有非婚生子女吗？你会发现一些对你来说再正常不过的事情，对别人来说却并非如此，他们甚至会认为你的行为应该受到谴责。也有可能，我们都是邪恶的。亦或者，我们都不是。

虽然我们总是将“邪恶”挂在嘴边，但其实我们对这个词并不了解。我们每天都会听到新闻播报那些令人发指的人类暴行，不加思考地接收那些让我们觉得人性不复的新闻。正如记者经常说的那样：此种新闻开刃见血。那些能够激起民愤的内容被提炼成夺人眼球的报纸头条，并在社交媒体上大肆推广。若是早餐前看点新闻，你很可能会因为花费大量的时间阅读这些邪恶的报道而错过午餐。

我们对暴力的渴望似乎更胜以往。2013年，心理学家布拉德·布什曼（Brad Bushman）和他的同事发表了一项关于电影中暴力行为的研究。他们发现“自1950年以后，电影中的暴力镜头翻了不止一倍。不久以前，PG-13级[①]电影中枪支暴力镜头已然超过了其在限制级影片中出现的次数”。电影变得越来越暴力，即便那些针对儿童特别筛选出来的电影也不例外。暴力故事和人类凄苦比以往更多地渗透到我们的日常生活中。

这会对我们产生怎样的影响呢？它扭曲了我们对犯罪发生率的理解，误导我们认为犯罪行为在现实中更为普遍。这会影响我们对邪恶的判断，改变我们的正义观。

说到这里，你想从这本书中看到什么内容呢？这本书并没有针对个别案例深入研究，整本书都在讨论那些被视作邪恶的人，比如乔恩·维纳伯斯（Jon Venables）——英国最小的谋杀犯，媒体说他“生性本恶”。还有美国连环杀手泰德·邦迪（Ted Bundy），以及加拿大“夫妻杀手”保罗·贝尔纳多（Paul Bernardo）和卡拉·霍莫尔卡（Karla Homolka）。毫无疑问，这些案例夺人眼球，但本书并不描述此类案件。此书的内容关乎我们所有人。我希望我们都能正视自己的想法和喜好，做到心中有数，对自己的思想和癖好心中有数，而不是靠我列举他人的不法行为来作为参照。这不是一本哲学书，亦不是一本宗教书，更不是一本关于道德的书。此书探究的是人类为什么会对其他人做出可怕的事情，而不是这些事情该

① 美国电影分类中的一种，意思是“13岁以下儿童观看需要家长指导”。——译者注

不该发生，更不是研究如何惩罚这些人。这是一本实验和理论相结合的书，它试着带领我们走近科学，寻求答案。本书努力将邪恶的概念掰得细碎一些，一点一点地加以分析。

同样，这也不是一本关于邪恶的综合书籍。要写这样一本书，一辈子太短。你可能会对本书感到失望，因为我几乎没有讨论到那些如种族灭绝、虐待儿童、儿童犯罪、选举欺诈、背叛、乱伦、毒品、犯罪团伙或战争等极端问题。如果你对这些事情充满好奇，市面上还有很多书可供选择，反正不是我这本。本书旨在结合现有作品和额外信息进行描述，概述了一些与邪恶概念相关的主题，可以说是五花八门。我觉得这些主题很有吸引力，我们不应该继续忽视它们。

“怪兽”狩猎

在开始阐述邪恶之前，我先介绍一下自己，并且告诉你为什么可以相信我能够陪你从噩梦中走出来。

我生活在一个人们忙于捕杀“怪兽”的地方，警察、检察官和公众合力逮捕那些谋杀犯和强奸犯。他们狩猎这些“怪兽”以维持社会结构，惩罚那些做错事的人。然而，问题在于，有时候这些“怪兽”是假象。

作为一个专门研究虚假记忆的犯罪心理学家，我经常会遇到一些案例：即使犯罪事实不存在，人们依然锲而不舍地寻找邪恶的罪犯。你有时候会觉得某件事情发生过，但实际上这件事情并没有发生，这就是虚假记忆。虚假记忆听起来有点像科幻小说，其实它很常见。正如虚假记忆研究员伊丽莎白·洛夫特斯（Elizabeth Loftus）所说："与其说记忆是对过去的精确记录，倒不如说记忆更像维基百科，你可以不断往里面填充东西。就像维基百科的页面一样，所有人都可以进入记忆中篡改记忆。"

在极端情况下，我们的记忆可能和现实相差甚远。我们可能会相信自己是一场莫须有罪行的受害者或见证者，或者相信我们犯下了并不存在的罪行。我在实验室做过研究，临时性地篡改参与者的记忆，让他们相信自己犯下了罪行。

当然，我并不总是待在实验室中埋头研究。偶尔，我会收到服刑犯的邮件，这可能是我收到的最有趣的邮件了。2017年年初，我收到了这样一封邮件，写得很有逻辑，字迹也清晰易读。这在监狱来信中还是挺罕见的。

来信者正在服刑，因为他捅死了自己年迈的父亲，足足捅了50刀。这名罪犯原本是位大学讲师，没有犯罪记录，不是我们想象的那种没事给你来一刀的人。

那么，他的动机是什么呢？当知道答案的时候，我大吃一惊。这个罪犯希望我送给他一本关于虚假记忆的书，因为这本书"尚未被监狱图书馆收录"。来信者说他曾在《泰晤士报》上看过有关这本书的报道，他需要借助此书深入了解虚假记忆，因为他在服刑期间意识到自己是出于虚假记忆才杀了他的父亲的。

以下是他的回忆：在他接受酗酒治疗时，有人告诉他依赖酒精说明他童年遭受过性虐待。治疗师和社会工作者不停地对他洗脑，一口咬定他曾经遭受过虐待。他一边接受治疗，一边照顾年迈的父亲，他感到筋疲力尽。一天晚上，他在照顾年迈的父亲时，所有的记忆涌入脑中。在愤怒的驱使下，他杀了父亲给自己"报仇"。在他入狱后，他意识到那些记忆中的事情并没有真实发生过，相反，他被一段并不存在的童年悲惨记忆误导了。他对自己犯下的罪行供认不讳，但他不理解自己的大脑和行为。他曾经认为他的父亲是邪恶的，因此他对邪恶的父亲犯下了令人发指的罪行。

如果他说的是真的，那么他邪恶吗？

我把书寄给他，他给我回了一封信，还送了我一幅画着粉红花朵的画。我把这幅画摆在我的桌子上，时不时提醒我可以通过研究和科学的交流，给予那些经常被误解和剥夺人性的群体一些理解和同理心。

人性的复杂不会因为一个罪行严重的罪犯而有所改变，不过我们总是忘记这一点。单凭一件事是没办法定义一个人的。只是因为他们曾经杀过人就称他们为“杀人犯”很不合适，这过于笼统了。

罪犯也是人。他们可能一年中三百六十四天都是遵纪守法的好公民，却在第三百六十五天犯下了罪行。在大多数时间里，即便是穷凶极恶的罪犯也会遵纪守法。那么他们在其他时间里做些什么呢？和普通人一样，吃饭、睡觉。他们的世界里同样有爱，有悲伤。

然而，对于我们来说，无视这些邪恶的人是再容易不过的事了。这就是我喜欢研究这个领域的原因。此外，记忆并不是唯一吸引我探索邪恶滋生过程的原因。我也做过精神病和道德决策方面的学术研究，还教过一门关于邪恶的课程，探索了包括犯罪学、心理学、哲学、法学和神经科学等主题。这些学科之间互有交集，因此我认为我们对邪恶的理解是不正确的。

问题在于，与其说我们试图理解邪恶，倒不如说我们经常抱着看戏的心情来看待滔天罪行。当我们试图透过现象观察背后的人性时，总免不了受到阻碍。开展对邪恶概念的讨论在很多人看来仍是禁忌。

邪恶的共情者

当我们试图对邪恶产生同理心，进一步理解邪恶的时候，总会有一些恶毒的言论来打消我们的念头；这种言论会暗示我们有些人是不值得被理解的，防止我们受其影响。

你居然谈起了恋童癖，那么你一定是个恋童癖。你居然提到恋兽癖，原来你想和动物发生性关系啊？！你居然讲到了谋杀幻想，显然你骨子里就是个凶手。这种对好奇心的羞辱在我们和这些人中间划了一道鸿沟。良好公民和这些邪恶之人之间形成了对立，这在心理学上被称为“异类化”。当我们戴着有色眼镜看待他人的时候，我们就会当“他们”是异类。

这道鸿沟不利于相互沟通和理解，而且从根本上来说也是不正确的。我们可能认为自己有理由觉得他人又坏又邪恶，可能认为自己没有错，但这和我们的预期相比，微不足道。我想带你一起探索你眼中的邪恶之人和你之间的相似之处，同时试着用批判性思维理解他们。

我们对偏离主流价值观行为的反应最终可能会限制我们对他人的理解，而放大对自己的理解。在本书中，我鼓励你们带着好奇心探索邪恶的本质，从中吸取教训，从而更好地理解人性的阴暗面。我希望你们抛出问题，期待你们对知识的渴求，我将知无不答。让我们一起进入生活的梦魇吧。

我会帮你找到对邪恶的同理心。

目　录

第 1 章

你内心的施虐狂：邪恶背后的神经系统科学

关于疼痛、快感和变态人格

没有真正合乎道德的事情，只有被视为合乎道德的事情。

——弗里德里希·尼采《善恶的彼岸》

一提到邪恶，就免不了想起希特勒。其实也没什么好奇怪的，因为希特勒造了那么多孽，比如大屠杀、战争、纳粹集中营、仇恨言论、政治宣传、不道德科学研究等，在历史上留下了臭名昭著的一笔。

人们总是不自觉地将邪恶与希特勒联系在一起，连生活中也不放过。那些与别人观念相悖的人，总是被恶意地形容成“纳粹分子”或者“像希特勒一样的人”。高德温法则（Godwin's Law）提出，所有线上评价最终都逃不过与希特勒作对比。滥用希特勒作对比，大大削弱了希特勒暴行的严重性，有时候还会使对话陷入僵局，气氛一度尴尬。好吧，我离题了。

希特勒对自己造成的巨大灾难负直接和间接责任，整本书都在描述他的动机、人格和行为。人们一直想知道他到底为什么会做出那些恶行，以及他如何一步一步地变成了一个十恶不赦的人。在这个章节中，我们与其专注于剖析他的行为细节，还不如只关注一个问题：如果你能穿越时空回到过去，你会将希特勒扼杀在摇篮中吗？

我可以通过你的答案来了解你。如果你的回答是肯定的，那么你可能认为“人性本恶”，罪恶根植于我们的血液之中；如果你的答案是否定的，那么你对人类行为的看法并不绝对，可能你相信一个人的生长环境更容易对他的成长起到关键性作用，也有可能你仅仅认为扼杀婴儿这种行为不为大众所接受才表示拒绝。

无论你的答案是什么，都会很有趣。我也觉得可供判断的依据太少了。你真的知道“熊孩子”以后是否会成为杀伤力十足的坏人吗？再说了，你的大脑真的和希特勒不同吗？

我们来做一个思维实验。假设希特勒还活着，我们将他置于一台神经影像扫描仪中，我们能看到什么呢？受损的神经结构、过度活跃的大脑，还是卍字形的心室？

在我们重新建构他的大脑之前，首先要考虑他是疯子还是坏人，抑或二者兼之。第一份关于希特勒的心理报告完成于第二次世界大战期间。这份心理报告被认为是有史以来第一份罪犯描写，是1944年由供职于战略情报局的精神分析学家沃尔特·兰格（Walter Langer）撰写的。战略情报局是当时美国的一家情报机构，即中央情报局的前身。

这份心理报告将希特勒描述为“精神病”，说他“濒临精神分裂”。这份报告还正确预测了希特勒追求精神不朽，在面对失败时会选择自杀。但是，这份报告还包括了一些真假难辨的内容，包括他享受被虐待（被伤害或被羞辱），还具有“食粪倾向”（食用粪便的欲望）。

另一份心理报告是由精神病专家弗里茨·雷德里克（Fritz Redlich）于1998年发表的。他将研究项目称为病情记录——受疾病影响的生命和人格。通过研究希特勒及其家人的病史，结合演讲资料和其他文件，他认为希特勒表现出了许多精神病症状，包括偏执、自恋、焦虑和抑郁。然而，虽然他找到了许多“可以写入精神病学教科书”的精神病症状的证据，但他表示“希特勒的大部分人格超纲运行了”。他还说希特勒“知道自己在做什么，且充满骄傲，满怀热情”。

他想杀死襁褓中的希特勒吗？或许他会更加重视希特勒的成长教育？雷德里克认为，我们没有办法在希特勒的童年时期判定他成年后是否会变成臭名昭著的政治家。他觉得从医学方面来说，希特勒小时候是一个非常正常的孩子，面对异性时会害羞，当时并不以折磨动物或者他人为乐。

雷德里克并不认为童年的希特勒令人头疼，从而批判了那些有此想法的心理历史学家。看来我们没办法搞明白童年的经历是否导致了希特勒成年后的行为，也没办法认定他是个疯子，尽管这个答案并不尽如人意。事实证明，情况往往如此。即便有人犯下十恶不赦的罪行，也不能说明这人心理有问题。如果说心理疾病承担了此类罪犯的部分责任，那么，是什么原因驱使希特勒做出如此恶行呢？

心理学家马丁·雷曼（Martin Reimann）和菲利普·津巴多（Phillip Zimbardo）致力于研究“人类邪恶精神科学”。他们想出了一个新方法，来解释人们犯下可怖罪行的原因。他们在2011年发表的论文《社会冲突的阴暗面》（*The Dark Side of Social Encounters*）中，试着阐述了人类大脑中对罪恶负责的部分。他们描述了两个最重要的过程——去个性化和去人性化（剥夺人性）。当我们希望没人注意到自己的时候，就会选择藏匿自己的个性；当我们不再将他人视作同胞，甚至认为他人不配称之为人的时候，就会剥夺对方的人性。他们还将剥夺人性比喻成皮质性白内障，模糊的感知无法再让我们真正地看见人类了。

每当我们讨论“坏人”的时候，往往会出现剥夺人性的情况。我们认为一些人丧失了人性，和自己不是一路人。我们自认为是“好人”，是一群各不相同却符合道德标准的人。希特勒也喜欢用善恶来定义世界。这种区别对待渐渐偏离了方向，希特勒觉得他们对付的都是“坏人”，根本就算不上人。希特勒的种族灭绝宣传中有一个剥夺人性的例子，充满了戏剧性。他在宣传中将犹太人描述为“下等人”。纳粹分子还将犹太人与动物、昆虫和疾病相提并论。

英国和美国关于移民的公开声明日渐刻薄。2015年，英国媒体红人凯蒂·霍普金斯（Katie Hopkins）将乘船到英国的移民称为“蟑螂”。联合国人权事务高级专员扎伊德·拉阿德·侯赛因（Zeid Ra’ad Al Hussein）公开对此表示了不满，他说：“纳粹的媒体将人们描述成了过街老鼠和烦人的蟑螂。数十年来总有一些人一直试图反对外国人，一点底线都没有，他们对外国人的理解和看法是扭曲的。”同样地，在2017年5月1日，唐纳德·特朗普在任职美国总统第一百天的演讲中大声朗读了一首关于蛇的歌词，这首歌是由奥斯卡·布朗（Oscar Brown）于1963年创作的。

清晨在上班的路上，

她沿着湖边的小路前行。

这位温柔的女士看到一条可怜的蛇，都快冻僵啦！

露水在它漂亮的彩色皮肤上凝成了霜。

“哦，天哪，”她不由惊呼，“我带你离开吧，我会照顾你的。”

她把它紧紧拥入怀中，感叹道：“你真漂亮！”

“但如果我没有把你抱入怀中，你可能已经死了。”

随后她抚摸着它漂亮的皮肤，吻了它一下，紧紧地搂住它。

然而，那条蛇非但没有感谢她，还恶狠狠地咬了她。

特朗普将难民比作歌词里的那条蛇，讽喻了难民潜在的危险。这是中国古代农夫和蛇的故事。

官场上经常出现此类假想敌，部分原因是假想敌们过于令人瞩目了。反对假想敌的声音会在领导人的煽动下越来越大。我们有时候很容易落入这样的陷阱中，还可能受到这种可怕画面的影响。

我们开始依照想象重建希特勒的大脑。因为他特别喜欢剥夺人性，所以负责此部分的大脑区域可能受到较大的影响。根据雷曼和津巴多的说法，“去个性化和去人性化可能涉及的大脑区域包括腹内侧前额叶皮层、杏仁核和脑干结构（即下丘脑和导水管周围的灰质）”。他们提供了模型图像（见下图），就是我之前提到的重建图像。

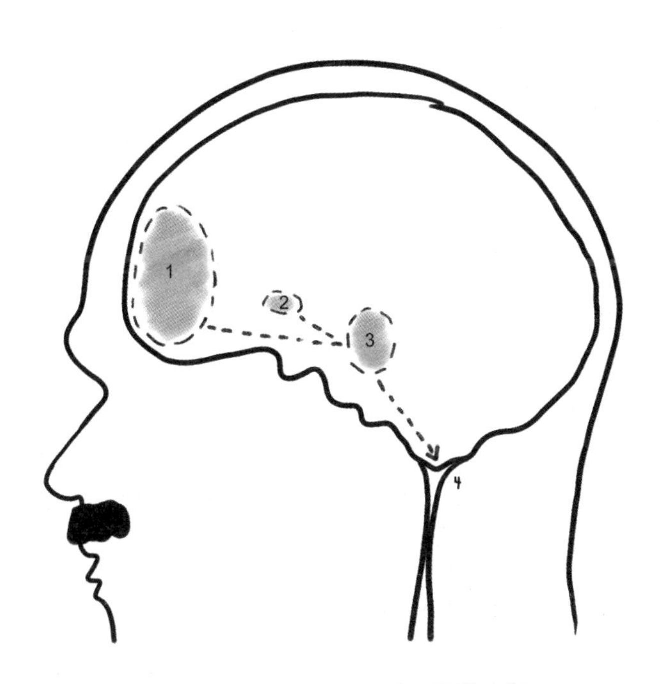

图　希特勒的大脑：通往邪恶的大门

1.腹内侧前额叶皮层；2.杏仁核；3.脑干；4.中枢神经系统

模型图像表明，人们一开始会觉得没人注意到自己，所以不应该因为自己做过的事情而受到谴责。这种感觉很可能促使我们伤害他人。那么此时我们的大脑是什么样的呢？

去个性化。个人不再将自己视为独立的个体，觉得自己在人群中无足轻重，不应该承担责任。这和腹内侧前额叶皮层的活动减少有关。我们都知道，减少腹内侧前额叶皮层的活动通常会使人具有侵略性，做决策的能力也会下降，还会引发一些不被允许的反社会行为。

去人性化。去人性化通常伴随着杏仁核活动的增加，也就是大脑中负责情绪的部分，比如愤怒和恐惧等。

反社会行为。这些情绪通过脑干进一步触发其他感觉，比如增加心率、血压和肠道反应等。从根本上来说，这些变化意味着我们的身体进入战斗模式或者开启飞行模式，比如为可能造成的身体伤害做好生存的准备。

有人认为，那些腹内侧前额叶皮层活动不甚活跃的患者中，此类大脑活动尤为强烈。在犯罪研究中也经常提到上述活动。研究表明，杀人犯和精神病患者的腹内侧前额叶皮层活动比常人更低。就像甲状腺功能低下，你的新陈代谢是有缺陷的一样，这可能导致你肥胖。包括雷曼和津巴多在内的研究人员认为，腹内侧前额叶皮层活动不甚活跃，意味着你的道德判断能力有所缺乏，所以你更有可能犯罪或者做出一些反社会行为。雷曼和津巴多总结道："对侵略性的研究表明，额叶结构特别是前额叶皮层活化程度的降低，或者该区域发生脑损伤都极有可能激发侵略性。"

希特勒的大脑乍一看似乎挺正常的，但当他需要做出一些涉及道德的决策时，我们就会发现他的腹内侧前额叶皮层不甚活跃，因为他平时就比较偏执和焦虑。然而，我们知道希特勒其实并没有什么明显的不正常行为或者脑损伤，我们很难通过扫描分辨出他的大脑到底和普通人的大脑有什么不一样。如果我对你一无所知，我可能没办法通过扫描说出你和希特勒的不同。我们与其考虑那些可恶至极或者善良温和的人，与其好奇“是不是有一小部分人特别喜欢虐待别人”，不如思考我们是不是都具备虐待他人的倾向。

日常一虐

1991年，心理学家罗伊·鲍迈斯特（Roy Baumeister）和基思·坎贝尔（Keith Campbell）提出：“施虐狂指的是那些通过伤害他人获取愉悦感的人，这种行为对于施虐狂来说有着致命的吸引力。”施虐狂的特征好像更适合“邪恶”这个词——他们这么做只是因为自己乐意。

艾琳·巴克尔斯（Erin Buckels）和同事们或多或少受到了鲍迈斯特的研究成果的启发，继而讨论施虐狂到底正不正常。在2013年发表的一篇论文中，他们认为“在目前的研究中，我们很少抛开性癖或者犯罪行为来讨论施虐狂……然而，有些人就是很享受施虐所带来的快感。这些习以为常的行为是一种亚临床形式的虐待狂，或者更简单地说，属于日常一虐”。

巴克尔斯和她的团队成员在研究过程中进行了两次别出心裁的实验。论文中是这么描述的：“没什么好说的，在实验室中观察人类的谋杀行为并进行研究显然不现实。所以我们选择了一种更加贴合伦理道德的研究方式：杀掉小昆虫。”研究人员让参与者杀掉小昆虫。尽管我们都知道小昆虫并不能真的代表人类（我们可能都杀过小昆虫），但是这项实验还是可以让我们知道每个人到底嗜杀与否。

这项实验是如何进行的呢？研究人员招募实验参与者，研究他们的人格和对高难度工作的忍耐度。参与者到达实验室后，他们需要在四项与小昆虫有关的任务中选择一项，有灭虫者（杀掉小昆虫）、灭虫者助理（帮助灭虫者杀掉小昆虫）、消毒人员（清洁洗手间）及在寒冷的工作环境下的从业者（在工作中需要忍受冰冷刺骨的水带来的疼痛）。研究人员对那些“灭虫者”尤其感兴趣。灭虫者手里拿着一个小虫子研磨机和三个装着小虫子的杯子。

这项实验的设计很别致。研究团队“为了无限放大恐惧感，设计了一款会发出特殊嘎吱嘎吱声的小虫子研磨机。为了使实验更逼真，他们还给每只小虫子取了名字”。研究人员把小虫子的名字写在了杯身上：麦芬、艾基和杜丝。

你会选择杀掉小昆虫吗？遵照他人的要求活生生地碎掉它们？在这项研究中，只有略微超过四分之一（26.8%）的参与者选择了杀掉小昆虫。那么问题来了：杀掉小昆虫的过程快乐吗？研究结果表明，在施虐冲动榜单上排名越高的参与者越享受杀戮的过程，他们不会在任务结束前就停下动作，通常选择“三杀”（杀死手中所有的三只小昆虫）。这些选择“三杀”的人同样是正常人，虽然他们可能极其享受杀戮的过程。

简单地测试一下。你们已经清楚了解这项实验的方法，那么你会担心小昆虫吗？还是你会偷笑，觉得这项实验真的太有趣了。如果你觉得有趣，那么你可能会在研究人员的亚临床虐待行为榜单上占有一席之地。不过实验当中的小昆虫们并没有受到伤害，研究人员给它们加了一层保护罩，离研磨机的刀片远远的，但是参与者不知道这件事。

这个研究团队还进行了第二项全然不同的实验，受害者从小昆虫变成了无辜的群众。参与者通过电脑游戏来和对手竞争。参与者们以为电脑屏幕的另一端坐着其他的参与者，每个参与者都被安排在不同的房间里。竞争内容很简单，比赛敲按钮的速度。胜利者可以用噪声轰炸和攻击对手，音量任凭他们自己来调节。获胜的参与者中一半人可以立即使用噪声来轰炸和攻击；另一半人则需要在攻击前先完成一个简单而乏味的小任务，即要求参与者计算特定字母在毫无逻辑的文本中出现的次数。一般的参与者通常会选择最低的攻击等级，这样就不容易出现“冤冤相报”的情况。

那么你会攻击你的对手吗？音量会调到多大？你会放过攻击对手的机会吗？结果表明，尽管有相当一部分人选择了伤害无辜的对手，但只有那些在虐待榜单上名列前茅的人会放大噪声，而且这些人熬得住寂寞、忍得了无聊，就算需要先完成任务，也会等任务完成后酝酿大招来放倒对手。

很多所谓的正常人都有虐待倾向。研究人员建议我们在了解虐待行为之前先好好了解自己。他们说：“要知道，虐待行为再正常不过了，而且虐待行为之间还惊人地相似。”

虐待行为有哪些共同特征呢？其中很明显的一点就是侵略性。当你实施伤害行为时，比如杀掉一只小昆虫，你的行为就明显具有侵略性。同样，有些人选择伤害他人，从虐待中获取快感。那么，还有什么行为具有侵略性呢？我们从一种令人摸不着头脑但能切切实实感觉到的冲动入手吧，比如你想要杀死那些毛茸茸的“萌系”小动物。

可爱侵略性

令人意外的是，我们居然会产生虐待小动物的冲动。你有没有遇见过特别可爱的小狗？你想不想伸手揉捏它软乎乎的小脸？有一些小动物可爱得让人忍不住下手，比如小猫、小狗、小鹌鹑。我们会想要用力地摆弄它们、掐它们的脸颊、咬它们，甚至恐吓它们。

这是为什么呢？不是只有精神病患者和连环杀手才会杀害小动物吗？研究人员告诉我们，大多数人并不想伤害动物，尽管有些行为听起来跟虐待没什么两样，但这并不能说明这些人的内心藏有阴暗面。你可能喜欢毛茸茸的小动物，但并不会想着伤害它们。不过这解释不了为什么我们的行为具有侵略性，也解释不了欺负小动物的时候我们的大脑在想些什么。看到可爱的东西会有做出伤害行为的冲动，这就是所谓的“可爱侵略性”。

耶鲁大学的心理学家奥莉安娜·阿拉贡（Oriana Aragón）及其同事是第一批研究“可爱侵略性”的人。他们在2015年发表了一篇论文，针对“可爱侵略性”这个概念进行了大量研究。他们向其中一项研究的参与者展示了许多可爱动物的图片，同时送上泡沫包装纸。“我们假设人们在看到可爱的刺激物时，会想要‘捏爆’它们，因此我们向参与者同时提供了可爱的刺激物和供他们捏爆的挤压物。事实证明，他们真的会捏爆泡沫包装纸。”显然，参与者在看到可爱的动物时会控制不住自己。

如果参与者腿上趴着小动物，他们会不会变得温和一些呢？于是研究人员用“柔软丝滑的动物皮毛制作了枕头”，半数参与者可以在看着可爱小动物的照片时抱着枕头。研究人员想知道，如果参与者手中有东西供他们“蹂躏”，他们是否就不会那么具有侵略性了？

结果恰恰相反，参与者变得更具有侵略性了，因为可爱的刺激物从照片中走进了现实。研究人员觉得，这也许能告诉我们，如果参与者抱着真实的毛茸茸、软乎乎的动物宝宝，他们到底会做些什么。这很可能会进一步激发他们的侵略性。换句话说，单单是上网看小猫咪的照片，他们就想着“蹂躏”小猫咪，如果真的让他们抱着小猫咪，不上手是不可能的。

研究人员表明，“可爱侵略性”同样适用于婴儿。以下是他们给参与者提出的部分问题，如果是你的话，你会怎么回答?

（1）如果我抱着一个非常可爱的宝宝，我会想捏宝宝的小胖腿。

（2）如果我看到一个非常可爱的宝宝，我会想捏宝宝的脸颊。

（3）当我看到一些很可爱的东西时，我会紧紧攥住拳头。

（4）我会恶狠狠地恐吓小朋友：“我要把你吃掉！”

上述的四个问题中只要你有一个肯定的回答，那么无论是对小猫、小狗还是婴儿，你都具有“可爱侵略性”。这种感觉很奇怪，有些家长开始怀疑自己对孩子的爱（我怎么可能伤害自己的孩子，但为什么想“蹂躏”他们呢？）。家长不愿意与任何人分享这种负面情绪，担心别人会用异样的眼光看待自己——“你这个不合格的家长！”“你就是个坏人。”其实家长们不需要担心，这很正常，“可爱侵略性”是人类性格特征的副产品。如果我们觉得某个东西很可爱，我们就会想着照顾它、永远保存它，可能这也是我们会优先选择可爱的小动物作为宠物的原因。

当我们看到符合“幼儿图式”（又圆又大的眼睛、圆嘟嘟的脸蛋和小小的下巴）的东西时，“可爱侵略性”就更常见了。这跟是不是人类婴儿或者小动物没有关系，和是不是活物也没有关系。如果卡通人物或者毛绒玩具符合“幼儿图式”，我们也会觉得它们很可爱。谷歌为了消除人们对新科技的恐惧，便将第一辆无人驾驶汽车设计得十分可爱。

在对“可爱侵略性”进行的研究中，研究人员表明可爱的东西让我们感觉很舒服，因为关爱和呵护占据了我们的大脑，大脑就会试着用侵略性来中和这种感觉。人类有时候会出现“并行显示”的情况：我们面对一件事物的情绪并不是单一的，而是混杂着积极和消极两种情绪的。

当我们觉得自己即将失控的时候，就会出现并行情绪。情绪过载可能会对大脑造成伤害，所以出于自保，大脑选择用相反的情绪来进行中和，比如喜极而泣、在葬礼上大笑或者伤害我们在乎的事物。想要“蹂躏”可爱的小动物并不意味着你想要毁灭它们，而是告诉你，你的大脑已经启动了自保程序，以防止短路。

让我们把“可爱侵略性”与“邪恶”联系起来。伤害一只毛茸茸的小动物或者一个婴儿的想法可能存在于每个人的邪念中。出于对这些可爱事物的喜欢，你的大脑才不得不启动自我保护机制，免得你兴奋得难以自已而做出伤害性的行为。

我们对自己喜欢的东西具有侵略性，比如玩闹性地打它、蹂躏它甚至惹怒它。但我们如何区分可爱和侵略性的界限呢？需要担心这个问题吗？

如果这样，“可爱侵略性”这种描述可能就不那么准确了，因为这与普遍认知中对侵略的定义全然不符。也许“可爱侵略性”并不代表侵略行为，只不过看起来像那么回事罢了，这甚至只是研究人员自己造的词。如果这种行为不算真正的侵略，那么什么才算呢？

美国心理学家黛博拉·理查森（Deborah Richardson）几十年来致力于研究侵略行为。1994年，她和罗伯特·巴伦（Robert Baron）给“侵略行为”一词下了定义：以伤害其他生命为目的的行为。他们认为侵略行为的成立需要满足四个必要条件：首先，侵略行为是一种行为，而不是想法、观念或态度；其次，侵略行为是下意识的，突发情况不算；再次，侵略行为包含伤害他人的主观意愿和欲望；最后，侵略行为针对的是生命体，机器人和其他无生命的物体不在此列。

理查森解释道：“通过砸盘子或摔椅子等行为宣泄烦恼并不算侵略行为，但是打碎妈妈的古董盘子从而伤了她的心或者试图摔椅子砸伤你的朋友可以被视为侵略行为。”

我们和别人相处的时候，玩笑开得过大就有可能发展成侵略行为。那么问题来了，我们为什么会伤害自己所爱的人呢？好吧，愤怒好像需要承担主要责任。2006年，理查森和格林（Green）围绕着伤害爱人的行为展开了研究，他们要求参与者说出上个月与之发生过不快的人。35%的参与者表示他们和朋友闹了不快，35%的参与者与自己的恋人产生了矛盾，16%的参与者和自己的兄弟姐妹有过争执，剩下的14%的参与者则表示自己和父母生气了。研究还表明，大部分参与者与他人闹矛盾时颇具侵略性，受到伤害的对象往往是他们挚爱的人。从某种意义上来说，我们习惯于依赖所爱之人，这似乎成了我们为自己开脱的借口。

对于爱人而言，侵略和暴力行为的动机还包括对情感伤害的报复、获取爱人的注意力、嫉妒及释放压力。我们出于各种各样的原因伤害所爱之人，有一些原因总让人难以控制。不过我们可以在某些事情上稍作控制，从而降低侵略行为的可能性。最容易控制的一件事或许就是吃东西了。

罗伊·布什曼（Roy Bushman）及其同事在2014年的一项研究中表明，葡萄糖（或者说糖分）能够提高我们的自控能力。我们的侵略行为很可能源自情绪不佳和对身体的控制能力不强。研究人员试图探索葡萄糖和侵略行为之间的关系。他们要求107对已婚夫妇连续三周在每天早餐前和就寝前测量血糖水平。同时，研究人员会测量参与者的侵略性等级。为了测量参与者对其伴侣的侵略性冲动，研究人员给每一位参与者发了一个巫蛊娃娃和51根针，并告诉参与者："这个娃娃代表你的伴侣，在接下来的21天里，每天睡觉之前你都可以在娃娃身上插上针，最少的针数可以为0，最多为51根针。你越生气插的针就越多，放心，你的伴侣不会看到的。"

在研究结束前，研究人员还测试了参与者实际的侵略行为。研究人员精心挑选了一些令人无比讨厌的声音，包括指甲刮擦黑板的声音、牙医的电钻声和救护车的警报声，参与者可以通过耳机用噪声攻击自己的伴侣。研究人员指出："可以这么说，本次研究的参与者携带了武器，他们可以用这种武器对伴侣发动噪声攻击"。还好这些噪声并不会传入参与者伴侣的耳中，而是会上传到电脑上。当然，参与者对此并不知晓。

研究结果显示，葡萄糖水平较低的参与者在巫蛊娃娃身上插的针较多，使用的噪声武器也更大声。研究人员得出结论，有规律的饮食和保持葡萄糖水平有助于减少侵略性行为和伴侣双方的矛盾。所以下次你想和伴侣发生争执的时候，最好先吃点东西，比如吃根巧克力棒，搞清楚自己是真的生气了，还是饿急了眼。

撇开食物不谈，每个人的侵略方式和其受害者也有关系。研究"侵略”所爱之人的过程中，理查森和格林还发现：“对自己的爱人或者兄弟姐妹感到生气时，人们更愿意面对面处理。但和朋友生气时，人们会比较委婉，避免正面交锋，比如会散布谣言或在背地里谈论别人的是非。”侵略行为真是五花八门、无奇不有啊!

那么侵略行为有哪些不同的类型呢？2014年，理查森总结了她20余年对侵略行为的研究成果。她认为主要有三种侵略类型：

第一种是直接侵略，包括恶语中伤和恶行相向，比如怒骂或殴打他人。其具体还表现为和伴侣发生口头争执、嘲笑自己的朋友或恶意地挖苦对方。有些人的表现更加夸张，有时还会引起伴侣间的暴力行为。

第二种是间接侵略，这种类型相对来说不那么明显，比如试图通过媒介来伤害他人，包括毁坏他人的财产或散布谣言等。间接侵略还包含社会侵略的概念，指的是通过破坏他人关系的方式来实施伤害。

第三种侵略类型最为常见，包括通过“毫无反应的被动”来伤害他人。理查森在《冲突反应问卷》中的被动式侵略术语有助于我们理解这种侵略类型。首先，想一下你所爱的人，比如你的父母、兄弟姐妹、爱人或朋友；然后，回顾一下你和这个人的过去，反思自己是否对他们做过任何一件下文提到的事情，从而伤害了他们或者让他们不高兴。

（1）拒绝做这个人要求我做的事情。

（2）犯一些看似意外的错误。

（3）对这个人认为重要的事情不感兴趣。

（4）跟这个人“冷战”。

（5）无视这个人的付出。

（6）将这个人排除在重要活动之外。

（7）不和这个人互动。

（8）不澄清针对这个人的谣言。

（9）没有回拨电话或者回信息。

（10）约会迟到。

（11）拖延工作。

如果你对上述任何一个问题给出的答案是肯定的，那么你已经对挚爱之人发动了被动攻击。假装没看到朋友的道歉短信，磨磨蹭蹭地让父母伤心，拒绝爱人的性要求……我们为什么会这么做呢？因为对这些行为否认起来太轻松了。如果对方发现你对他发动被动攻击而控诉你，你只需要一句“哪有？”，就可以轻描淡写地翻过这一页。我们会暗示自己其实什么都没做，即便对方觉得受到伤害了，也跟我们没有关系。可是这种行为造成的伤害，实际上和其他行为没什么区别。

施虐行为和侵略行为似乎都挺常见的。当然了，那些发动被动攻击的人是不会摔掉碗筷的，他们与那些恶意传谣的人及埋伏于街角伺机袭击他人的人都有所不同。

研究人员德尔罗伊（Delroy）及其同事在2017年提出过一种说法：“一般来说，侵略行为是一种特质，是一种稳定和持久的思考、行动和感觉。”“特质”在这里指的是你对某人某事下的定义，比如萨姆充满侵略性。其实在每天的交流中，我们经常将侵略性视为一个人必然存在的特质。

不过保卢斯（Paulhus）和同事声称，我们可能会认为侵略性是人性本恶的铁证，但侵略性可能连特质都不算，更遑论人格缺陷了。侵略性只是其他特质的展示，是人类情绪和行为的结合。虽然我们不愿意承认，但我们可能都具有侵略性，这不是什么邪恶的事情。

然而，有些人身上具有一些人格特质，使他们更具侵略性，我们将这些特质统称为“黑暗四分体”。

黑暗四分体

据保卢斯在2014年发表的一篇论文中所说，“黑暗人格”指的是亚临床范围内一系列厌恶社交的特征。之所以将其归入亚临床范围，是因为这些人格尚不满足临床障碍诊断的标准（这种诊断由心理学家或精神病学家来完成）。拥有“黑暗人格”的人能够“在工作场合、学术场合及社交场合与他人和谐相处（甚至如鱼得水）”。黑暗四分体集合了这些人格特征，包括精神病、虐待狂、自恋狂及权谋主义。

研究人员和临床心理学家在诊断人格障碍时通常会设一个相对严格的坎儿。比如，你需要在总分为40分的精神病测试中得到30分（或者25分，这取决于与你交谈的对象是谁），才会被诊断为精神病患者。得分为29分（含）以下的人不会被诊断为精神病患者。不过29分和30分的差异其实很细微，科学家对此也存在很多争议，因此越来越多的科学家将精神病视作连续的统一体。现在大多数科学家会试着探究得到高分的被测试者背后的故事，而不是简单地一刀切。这同样适用于虐待狂、自恋狂和权谋主义者。现在的主要问题在于：在这些测试中得分高的人是否更有可能伤害他人？

在我们进行下一步讨论之前，我先提醒一下，这些测试结果虽然是真实的，但仍然存在问题。我们用“黑暗”或“心理变态”之类的词语来形容同胞，其实是在剥夺他们的人性，甚至认为人性本恶。我们会觉得做错事的人不可能改变，因为邪恶存在于他们的基因当中。这其实是将医学妖魔化了。因此我们在讨论时必须很谨慎，要控制住自己，不要冲动地认为那些具有黑暗四分体特质的人就是“坏人”。

首先来聊聊精神病。1833年，詹姆斯·普里查德（James Prichard）首次提出了接近于“精神病”的定义，当时他将其称为“道德疯狂”。公众普遍认为被诊断出“道德疯狂”的人会做出一些不道德的事。虽然这些人行为不端，但是他们聪慧机敏，智力和心理状况都很正常。如今，我们诊断精神病最常见的方式是利用精神病检测表（PCL-R）。20世纪70年代，加拿大心理学家罗伯特·哈尔（Robert Hare）制作了第一份精神病检测表，用来诊断精神病患者。检测表中的项目包括流于表面的魅力、撒谎、缺乏悲悯心、反社会行为、自我，以及最重要的一点——缺乏同理心。

很多人认为精神病最重要的特征就是缺乏同理心，这与犯罪行为密切相关，意味着这些人并不会为自己犯下的罪行或打破规则而后悔。一般情况下，我们在伤害他人时是会产生同理心的。不过精神病患者可以变得特别冷漠，我不止一次听到学术界将他们比喻成怪物。人们似乎达成了共识，世界上存在罪犯，也存在精神有问题的罪犯，这些人与社会格格不入，令人恐惧。

缺乏同理心是不是根植于大脑中呢？根据2017年针对精神病所进行的

神经影像学研究得到的结果显示：“近年来，精神病行为背后存在异常的大脑活动。”看来精神病患者的大脑和正常人的大脑不大一样。研究结果进一步指出：“精神病表现为双侧前额叶皮层、大脑前侧和靠近大脑中间的右侧杏仁核发生异常的大脑活动，而且这种异常活动能够削弱精神病患者的心理功能。”换句话说，精神病患者的大脑的决策部分和情绪管控部分都不是很正常。基于此，有些人认为在精神病患者决定实施犯罪行为的时候，或多或少受到了大脑异常活动的影响。

就像我们搞不清楚希特勒的大脑在想些什么一样，我们也不知道精神病患者的大脑在想些什么，更不可能判断他们是否有攻击性。詹姆斯·法伦（James Fallon）针对患有精神病的杀手的大脑进行了研究。他对精神病患者的大脑扫描后，将成像拿在手中，上面清楚地显示出病态的大脑。然后他扫描了自己的大脑，发现其呈现出来的扫描图像和精神病患者的大脑并无太多不同。法伦在2013年接受采访时说：“我从没杀过人，也没有强奸过任何人。当时我就想，我的假设是不是错了，实际上这些大脑部位并不能反映精神病或谋杀性行为？”

随后法伦问了自己的母亲，才知道他的族人中至少有八个人曾经杀过人。于是他对自己做了进一步的研究，发现自己可能是一个精神病患者，但他将自己定义为“亲社会型精神病患者”。这种精神病患者虽然缺乏同理心，但其所作所为皆符合社会常规。2015年，他甚至出版了一本名为《天生变态狂》（*The Psychopath Inside*）的书。每个精神病患者都不相同，而且精神病患者也不一定都是罪犯。即便一个人生性嗜杀，也有过杀害他人的想法，但他可能从来没有付诸实施过。

黑暗四分体中第二种表现是自恋。根据美国心理学家萨拉·康拉斯

（Sara Konrath）及其同事的说法：“有些人认为自己是藏于俗世间的一颗明珠，理应受到他人的钦佩和尊敬。我们一般称这种人为‘自恋狂’，其表现是对自我的过度吹嘘、夸张、自我专注、虚荣及自大。”那么，我们怎么确定某人是不是自恋狂呢？康拉斯和同事们对此展开了研究。他们发现有一份非常靠谱的问卷可以帮助我们测量自恋狂。详见下表：

单项自恋量表（SINS）

你是否认为“自己是个自恋狂”？

（注：“自恋狂”意味着你是一个自我主义、自我专注且自视过高的人。）

1	2	3	4	5	6	7
不是很准确						非常准确

如果要评选一个“最短心理测试奖”，这个奖项非单项自恋量表莫属。那么我们要如何使用这张表格呢？测量表发明者之一布拉德·布什曼（Brad Bushman）说：“自恋狂们为自己的特质感到骄傲。你可以直接问他们自不自恋，他们完全不会觉得自恋有什么不好，相反，他们以自己是自恋狂为傲。”

虽然别人不一定这么想，但自恋狂们认为自己很优秀。在公众看来，自恋狂傲慢、爱争论且满怀机会主义。

不过，也有一些自恋狂并不认为自己骨子里就带有优越感。自恋狂分为两种：浮夸型和脆弱型。浮夸型自恋狂很喜欢炫耀，他们自负且自信；

而脆弱型自恋狂爱抱怨，他们面带愁容，防备心很重，这好像体现不出来他们的优越感。

浮夸型自恋狂可能会给人带来挫败感，但脆弱型自恋狂可能会给他人带来危险。2014年，兹拉坦·克里桑（Zlatan Krisan）和欧麦斯·乔哈尔（Omesh Johar）发表了一篇很有影响力的文章，其中重点讨论了自恋狂的坏脾气，比如脆弱型自恋狂独有的愤怒和敌意。他们在研究中发现“是自恋者的脆弱性（不是浮夸性）诱发了他们的坏脾气、敌意和侵略性行为”，而且他们“充满了怀疑、沮丧和愤怒的情绪”。这表明那些通过优越感掩饰不安情绪的人很可能会给他人带来伤害。

接下来我们看看黑暗四分体中大家不太熟悉的马基雅维利主义，或者说权谋主义。马基雅维利主义得名于文艺复兴时期意大利的外交官和作家马基雅维利。当时他写了一本名为《王子》的书，在这本书中，他主张人们可以不择手段地达到自己的目的。结果决定手段，即便我们使用一些诸如操控、恭维和撒谎的手段也无妨。

2017年，彼得·穆里斯（Peter Muris）和同事们将马基雅维利主义被定义为“表里不一的人际交往风格，体现为愤世嫉俗地无视道德，专注于自我兴趣和个人获益”的特征与那些缺乏同理心的精神病患者或具有优越感的人相比，马基雅维利主义是一种以目的和效用为导向的社交策略，个人获益在其中起着至关重要的作用。

我们通常使用一个叫作MACH-IV3的工具来诊断某人是否具有马基雅维利主义。依照穆里斯和其同事的解释，马基雅维利主义有三个方面的特征：操控策略（比如对大人物溜须拍马很上道）、对人性的愤世嫉俗（比如完全相信他人是在给自己找麻烦）及对传统道德的漠视（比如有时候即便知道某件事背离了道德准则，我们也要做）。最终我们得出一个结论：在诊断中，得分很高的人可以为了自己的目标做出任何事情。

最后，我们回到之前讨论的话题——虐待狂。这项诊断是在2013年新增的，实际上是杀死小昆虫实验的副产品，如果你还记得麦芬、艾基和杜丝的话。在这一系列日常虐待后，艾琳·巴克尔斯和同事们提出将黑暗三分体升级为黑暗四分体（精神病、虐待狂、自恋狂及马基雅维利主义），赋予阴暗面新的定义。

在黑暗四分体中，你只要在其中任意一项中得分较高，就有可能打破社会规则，更别说那些在每一项中得分都很高的人了。但这一定是坏事吗?

从阴暗面中窥见光明

深入观察的话，我们可能会发现很多表面上看起来特别不好的东西也有好的一面，黑暗四分体的特征实际上对人们有所助益。我们那位带有精神病特质的研究人员法伦声称自己因为这些特征而野心勃勃。同样，马基雅维利主义的各种特征，尤其是为了达到人生巅峰而不择手段这一方面，可能会帮助那些职场人士快速成长。

一篇名为“自恋真的很糟糕吗？”的文章在2001年被发表，在这篇文章中，研究人员基思·坎贝尔（Keith Campbell）做了总结：“自恋其实挺健康的，是一种功能性很强的处世方法。人们认为自恋狂脆弱、沮丧并不符合大部分研究结果。”

我们长期与自己的道德观、同理心和生存欲望做斗争，虐待心理可能就会提供一些帮助。虐待给人以快感，这种快感诱导我们杀害动物和人类，或者对那些我们赖以生存的事物做出不合适的行为。当同理心跳出来阻碍我们伤害他人的时候，虐待倾向也会跳出来与之决斗。

不过我们也不要太悲观。我们认为有些人和有些行为是邪恶的，虽然到目前为止还没有什么发现，而且似乎并不存在邪恶的大脑、邪恶的人格或邪恶的特征。我们可以通过心理测试和社会标签找到我们想要的，但最终我们将深深陷入复杂的人性中。即便我们觉得肯定会有一些人或行为是邪恶的，只是我们一直没有找到而已。如果我们愿意面对这一真相，那么便可明白希特勒所具有的神经学特征可能和我们的并没有什么区别。

本书将讨论人类行为的各个方面，研究那些所谓的“邪恶”行为，这些行为可能会给我们带来不好的后果，也可能和我们的价值观相背离。不要回避那些让我们感觉不舒坦的事情，问一下自己：这些事情是邪恶的吗?

在孩提时期，我喜欢史酷比漫画。四个孩子和一只会说话的狗被召集到“神秘机器”面包车里，一起去寻找恐吓当地居民的怪物。他们需要根据线索找到怪物，抓住并揭露怪物的真面目。最后他们发现，怪物是正常人假扮的，其实根本没有什么怪物。

就像史酷比一样，我们可能会无意识地探寻简单的解决方法、简单的理由、简单的词汇，最终汇集成一个词“邪恶”。但是，我们很难找到“人类为什么会做坏事”这个问题的答案。

尽管做坏事和不做坏事的人可能存在大脑方面的差异，但承认好人和坏人之间的相似之处要比承认不同之处困难得多。对我而言，似乎大脑会让我们变得脆弱，从而更容易受到伤害。如果没有办法在大脑中轻易辨识出差异，那么到底是什么东西阻止了我们虐待他人的冲动呢？接下来，我们来看看你和一个谋杀犯之间到底有什么区别。

第2章

天生杀人狂：杀戮欲背后的心理学

关于连环杀手、直男癌和道德困境

人类是嗜杀的。如果你需要依靠杀害他人才能存活，那么好吧，你杀人好像挺有道理的。你饿了，所以你要杀害他人以果腹；你受到了威胁，所以你要杀害对方以求自保。你不知道自己为什么要杀人，只是为了以防万一。

因为人类比其他捕食者杀害的物种数量都要多，所以我们被称为“超级掠食者”。根据对不同捕食者行为的研究，克里斯·达里蒙特（Chris Darimont）及同事在2015年指出，人类实施了太多杀戮，导致“全球生态和进化过程发生了变化”。他们还说，我们杀害了太多物种，导致很多物种几乎濒临灭绝。

我们的杀戮行为从未停歇，而且我们最关心的是残杀同类。具有讽刺意味的是，我们一边谴责杀戮行为，一边幻想着杀戮。

有些人幻想着将老板扔出窗外，让号啕大哭的婴儿永远噤声，在前任的胸口上狠狠地捅上一刀……我经常觉得自己想要杀人，只不过就是有点儿想，尤其在看到在机场闲逛的人群时。

亚利桑那州立大学的道格拉斯·肯里克（Douglas Kenrick）和维吉尔·希茨（Virgil Sheets）首先提出了产生谋杀幻想和意念是正常现象的观点。1993年，这两位心理学家询问参与者是否曾幻想过谋杀。答案可能会吓你一跳，因为大部分人的回答都是肯定的，73%的男性和66%的女性都承认幻想过谋杀。为了确保这些参与者的多样性，避免所有被调查对象的性情都很残暴，同时为了收集更多关于幻想谋杀的细节，他们进行了第二项研究。两项研究的结果很相似，这次有79%的男性和58%的女性声称他们幻想过谋杀。那么这些参与者想谋杀的对象是谁呢？男性更倾向于幻想杀害陌生人和同事，而女性更倾向于杀害家庭成员。

为什么会发生这种情况呢？根据科学家乔舒亚·邓特雷（Joshua Duntley）和戴维·巴斯（David Buss）的说法，幻想杀戮是一种进化出来的策略，属于心理设计的一部分，虽然当今社会对这种策略并不那么认可。谋杀幻想是人类抽象思维和计划能力的产物——如果我这样做，会发生什么呢？这种策略使得我们能够完成对整个场景的设定，帮助我们始终为最坏的情况做好准备，并通过摆脱那些阻碍我们成功的人来改善我们的生活质量。

当我们在心里演练这些场景的时候，大多数人都能够很快意识到杀害他人不是我们真正想做的事情，我们并不期待看到那些毁灭性的后果。没办法演练这些场景的人，可能会冲动行事，总有一天会后悔。我们都知道，沮丧地应对冲动行为是导致谋杀的主要原因。

然而杀戮对于有些人来说，不仅存在于幻想当中，还发生在现实世界里。这是些什么人呢？为什么人们会互相谋杀？进化心理学家邓特雷和巴斯认为有时候杀人是有原因的，至少从进化论的角度来看是这样的。人们谋杀他人是因为他们背负着这样的使命。

根据杀人适应理论，当人们权衡杀害同类的成本和利益时，他们可以从杀戮中获得切实的利益，特别是男性。在2011年发表的一篇论文中提到：“在历史上，杀戮带来了很多利处，包括防止早逝、消灭那些占据成本的竞争对手、获取资源、使竞争对手的后代胎死腹中、消灭继子女，以及为孩子选择未来的竞争者。”因为谋杀行为很有可能被侦查出来，会给谋杀者带来危险。尽管谋杀他人有风险，他们还是认为谋杀是有点用处的。

我们先来解释一下“谋杀”这个词。它通常用于描述非法杀害他人或造成他人严重的身体伤害。这是违法的，但它不包括出于自卫而造成的伤害或者国家认可的行为，比如死刑或者士兵在战争中杀人。由于杀害他人或中伤他人的欲望而导致的死亡，是我们将在本章中讨论的主要内容。“犯罪意图”（犯罪心理）是杀戮行为被定义为谋杀的必要条件。

其实我们讨论的是杀人。杀人通常包括谋杀和过失杀人，后者虽然也杀了人，但罪行较轻。减轻量刑的情况也分两种：（a）有意杀人，但有减轻量刑的因素存在，比如失控等；（b）无意杀人，但由于重大疏忽而造成伤亡或杀人事件是另一种危险行为的延伸部分。

过失杀人、谋杀和杀人之间的细微差别可能相当复杂，各国之间也存在差异。因此，当我使用“杀人”一词时，我采用的是2013年联合国杀人罪全球审查关于“杀人”一词的定义。这份审查可以说是迄今为止最全面的审查。全球审查将杀人定义为“一个人有意造成另一个人的非法死亡”，比如故意杀人和非法杀人。

联合国的报告清楚地表明，研究杀人的重要性不仅体现在其“最终罪行”上，还体现在其产生的涟漪效应远远超过了生命的损失，而且“可能造成一种令人恐惧不安的气氛”。杀人率可以对整个社会造成影响，使人们害怕晚上外出，或者对某些地方避之唯恐不及。该报告还强调：“杀人伤害的不仅是受害者，还包括受害者的家庭和案件发生地，它们可能变成次要受害者。”我们不仅需要清楚地了解受害者是谁，也需要了解同样承担后果的受害者家属和朋友。

与其他类型的犯罪相比，谋杀还是比较好研究的。如果一个人被杀害、被发现死亡或失踪，媒体很可能会报道相关信息，这意味着“隐形数据”（未报道的犯罪数量）相当低。这与强奸和性虐待等犯罪形成了鲜明对比。很少有关于强奸和性虐待案件的报道，因此产生了大量的“隐形数据”。根据联合国的报告，谋杀犯罪的数据是“世界各地最容易衡量、明确界定且最具可比性的衡量暴力致死的指标”。该报告进一步指出，此类案件的透明度使得杀人“既是暴力犯罪的合理代表，也是各国内部安全水平的有力指标”。

根据联合国的调查，2012年全世界有近50万人被谋杀，这一数据在不同年份有所差别。虽然媒体报道的信息与调查结果并不一致，但是我们依然可以从联合国关于全球谋杀案件的研究中看到，自1991年至1993年间杀人案达到高峰之后，全球的杀人率下降了不少（如图2-1所示）。

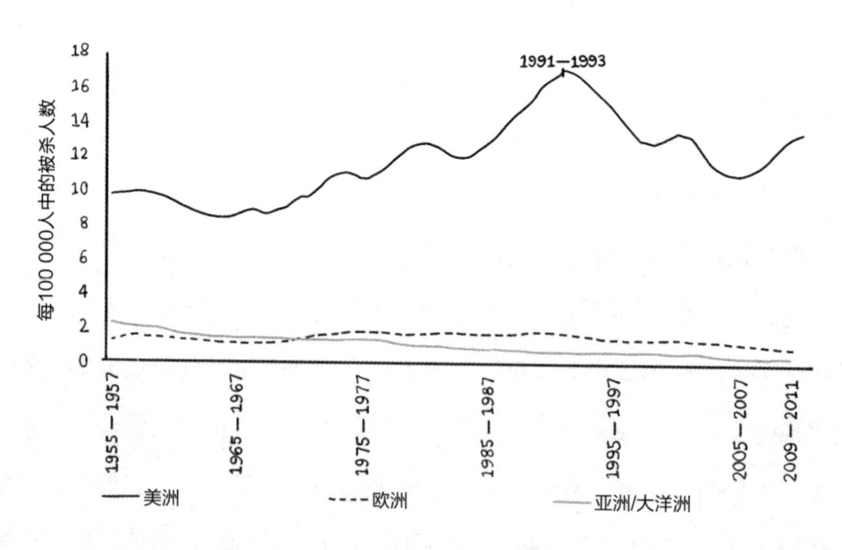

图2-1　全球杀人率走势图

（来自联合国毒品和犯罪问题办公室发布的《2013年全球杀人案研究报告》）

从走势图可以看出，全球不同地区的杀人率相差甚远，比如美洲的杀人率比欧洲和亚洲/大洋洲的杀人率高出了十倍左右。这并不是因为不同地区的人们天性中的暴力程度不同，而是社会因素的相互作用导致的。谋杀率可能会因为国家的富裕程度、文化和压迫、政治和社会冲突，以及私人是否可以拥有武器而有所不同，比如在美国，人们认为容易获取枪支提升了美国的谋杀率。

该报告同样研究了杀人犯的类型。大多数谋杀案发生于男性之间，其中男性罪犯高达95%，男性受害者高达79%。大多数谋杀犯生活在美洲（从原始数据得出的），而且不同国家的人喜欢使用的武器也不同。在美洲，66%的谋杀犯选择使用枪支；而世界上其他地区的谋杀犯倾向于使用刀具之类的锐器或其他手段（包括钝器、肢体力量，甚至下毒）。当男人杀害女人时，这些女性受害者通常为男性谋杀犯的亲密伴侣或家庭成员。在被杀害的亲密伴侣或家庭成员中，2012年死亡的男性不足6%，而死亡的女性达到了47%。

上述报告给我们提供了世界上杀人案的基本情况，但是并没有告诉我们为什么人们会互相残杀。我们接下来讨论这个问题。

谋杀的普遍性

我很反感通过犯罪现场或潜意识动机就给犯人贴标签的行为——“天哪，我觉得这个凶手受到了权力的驱使”“他可能还和他的妈妈在一起生活”“很显然，他就是个精神病患者”。有时我们会怪罪电视里的犯罪分析节目，因为其中讲述的故事情节跌宕起伏，富有吸引力，翔实的分析甚至能够给观众提供一些灵感。但实际上并不是这样的。

我更喜欢有关功能类型的研究。研究人员阿尔伯特·罗伯茨（Albert Roberts）及同事于2007年共同发表了一篇论文，文中提到："杀人不是一种同质行为。杀人犯的动机、生活环境及人际关系等各不相同，导致凶杀案发生的因素错综复杂。"需要注意的是，上述的凶杀案中并不包括出于政治因素的谋杀。尽管犯罪的因素很复杂，但研究人员发现大多数凶杀案都适用于最基本的四种犯罪类型。第一种类型是口角或争执引发的凶杀案。有时候人们发生争执的理由很荒谬，他们可能由于小小的摩擦就冲动行事。论文中给出了一些例子：

"四美元引发的凶杀案，受害者被殴打致死。"

"在受害者骑自行车途中，被告击打其头部而导致死亡。"

"一只狗引发的枪杀案。"

"一副眼镜引发的枪杀案。"

"当天早些时候发生了争执，被告开枪打死受害者。"

"金钱引发的纠纷，受害者遭到棒球棒击打。"

这些行为在我们看来就是人们在争执中失控了，于是导致了凶杀案的发生。很显然，上述情形中谋杀犯的过激反应和争执的严重程度不成正比。谋杀犯在与人发生争执时，认为暴力是当下最有效的解决方式，谋杀动机就此而生。

第二种类型是重罪凶杀案，罪犯出于主观意念而犯下罪行。这些案件通常表现为抢劫、入室盗窃或绑架等。罪犯的最终目的不是杀人，而是获取财物。受害者本来可能不会死，但如果罪犯在入室盗窃时主人刚好回家，他就很有可能杀掉主人，也有可能在主人交出金钱后撕票。

第三种类型是家庭暴力诱发的凶杀案。在这种案件中罪犯杀害的是自己的家人。我们可以从一些案例中找到他们的动机：

“罪犯认为伴侣对自己不忠，枪杀受害者。”

“妻子离开丈夫后遭到枪杀。”

“他觉得自己被妻子欺骗了，将妻子捅死。”

“被告人用车碾死了暴打她的丈夫。”

“遭到了受害者多年的虐待，枪杀了受害者。”

“吵架后，被告人在厨房里当胸一刀捅死了男友。”

在这些案例中凶手并不是为了钱，而是受到了人类关系中复杂的情绪和力量的驱使。杀死前男友、捅伤骗你的人、殴打伤害你的伴侣——这些场景将我们的痛苦转化成对另一个人施加身体疼痛的欲望。我们需要情感上的宣泄，要让伤害我们的人更加痛苦。

最后一种类型是意外杀人。罗伯茨及同事认为这种类型的杀人案包括酒驾杀人或受药物影响而杀人。意外杀人奇怪的地方在于罪犯并不想杀害任何人，这种类型的杀人案也不符合联合国报告中对谋杀的定义，但其依然符合大众对非法杀人的看法。一些受害者死于酒驾等鲁莽行为，受害者的亲朋好友告诉我们，以这种方式失去受害者与受害者遭到刺杀或枪杀并无区别，他们依然满怀愤怒，几乎被复仇的欲望所压倒，尽管意外杀人和故意杀人之间并不相同。

当我们想到“谋杀犯”的时候，通常会联想到一个脸上有泪滴文身的人在对我们咆哮的画面。不过杀人案真的很常见。很多人都曾与伴侣有过激烈的争吵，也和那些欠钱不还的人起过争执。我们和杀人犯唯一的区别在于，这些罪犯将很多人幻想的事情付诸行动了。很多人会做出同样的事情，比如酒驾，只不过有些人足够幸运，有些人运气差些而已，然而这一点点运气就可能导致截然不同的结果。

大多数谋杀犯再也没有杀过人，凶杀案的重新犯罪率（也称为累犯率）非常低。根据玛瑞克·利姆（Marieke Liem）在2013年发表的文献回顾中所说：“单独评估具体累犯率（犯下另一起凶杀案的概率）的话，其数值在1%~3%。”一个人在争执中杀人，我们真的可以仅凭这件事，就终其一生将之称为杀人犯吗？或许他只在犯下罪行的那一刻才算得上是杀人犯呢？

不过，在回答这个问题之前，我们先关注另一件让人好奇的事情：男性和女性都有能力杀人，那么为何男性的犯罪率要高出女性很多呢？

男性的英雄气概

每当讨论这个话题的时候，我很愿意谈谈进化论。杀人行为是具有适应性的，但进化论研究专家邓特雷和巴斯坚持探究一些更具争议性的问题。

他们认为：“男性（而非女性）已经进化出了为杀戮而生的身体和思维，这是男性在进化时期为了应对更加极端和冒险的局面而演变来的，这种变化使得男性在生殖器方面的差异更为显著。这一变化是为了使男性能够获得配偶并留住她们。比如暴力和杀人等的性别差异，正是这种演变对男性施压的结果。那些无法应对这种演变的男性在争夺配偶中处于不利的地位，因此他们比较难以留下后代。”专家们认为，男性获得的谋杀遗传基因要多于女性。当然，这并不能作为谋杀的借口，但有助于我们理解谋杀案频发于男性的原因。

有些人认为男性更具有攻击性，进而谋杀他人。约翰·阿切尔（John Archer）在2014年发表的一篇综合研究分析的文章中指出："在所有年龄段的参与者中，直接发动攻击行为者在男性中更为常见，这符合我们对于男性的既定思维。这种行为通常发生在儿童早期，能够持续二三十年。”研究进一步发现，这并不是因为男性比女性易怒，而是因为男性整体上更倾向于发动攻击，即便这样的方式代价巨大。进化论研究专家也这么认为：男性比女性更愿意冒险，包括行为激进和杀人冲动。

阿切尔的这种发现可以用来解释为什么会存在这样的差异：因为男性生来如此。“性别差异是人类的特征”，也可以理解为因为社会角色的不同才导致了这些差异，因为“男性和女性在我们的文化中扮演着不同的角色”。

这让我想到了关于攻击性和谋杀进化理论的观点。这些观点可以很好地说明“男人就是这样的”这个问题。为了解决这个问题，首先，人类要有抑制自己的能力，这意味着人们可以选择不侵犯他人。就算我们喜欢杀戮，也不会真的引发这样的行为；只有当我们决定这么做了，才会真的引起杀戮。这就好像，其实枪支本身不杀人，只有人才会杀人。其次，男性可能更容易犯下谋杀案，因为在社会上，男性相较于女性来说，更加不受抑制，更具有攻击性，在身体上也更加强健。

我想分享一个故事。我在加拿大长大，在三年级时，我认识了我最好的朋友。当时她给了我一个色彩缤纷的手镯，而且告诉我，我们会是永远的好朋友。即便她家离我家有一个小时的路程，我的父母还是经常带我去找她玩。在她10岁生日的那天，我们约好了一起为她庆祝生日。大人们让我们在她的卧室里等着，他们不喊我们的话，我们就不能出去。我们当时非常兴奋，期待着她的父母有特别的生日安排。时间一点一点地流逝，感觉已经过了好久好久，她的父母才喊我们出去。我们冲到起居室，开心地看到了一堆包装精美的礼物正等待着我的朋友。

尽管她已经兴奋难耐了，但还是抑制住了自己，乖乖地坐在礼物旁边的沙发上，等着父母告诉她什么时候可以拆礼物。然而，她还没打开第一个礼物呢，她5岁的弟弟就冲向礼物，开始拆了。精美的包装纸被拆得满地都是，可我朋友的父母对此却无动于衷，甚至还在一旁看热闹，觉得很好玩。他们从不干涉朋友弟弟的行为。我的朋友非常失望，难过地哭了起来。生日上的插曲重击了我的朋友，连续好几个星期，她都提不起劲儿。那个时候，我意识到了她父母的双重标准。这其实就是一个关于“厌女症”的故事。

总有人会说，男孩就是这样的，有些话听起来带有性别歧视，其实不过是私底下的调笑而已。还有人说，男性生来就比女性暴力，每当听到这样的话时，我总会想起我朋友的故事。社会对于男性太过宽容了，不管他们的破坏性、攻击性和暴力行为有多严重，社会总会对他们有很大程度的包容。这对女性很不利，比如我那位被毁掉生日的朋友。不过，这对男性可能更加不利。

我们认为男性具有攻击性是正常不过的事，但当我们这么想的时候，就证明我们愿意接受男性更容易犯罪这一事实，他们容易犯事，麻烦也更容易找上他们。但是，谁规定罪犯一定是男性呢？这种观点对他们有好处吗？我们在教育男孩和女孩暴力和进攻性是怎么一回事的过程中，性别平等依然是重中之重。如果我们希望降低暴力和谋杀率，我们可以改变，也必须做出改变。

除了社会因素，人们在讨论谋杀和其他暴力犯罪中的性别差异时，往往会谈及另一种因素：睾丸激素“劫持”了男人的大脑，驱使他们做出行动。有什么证据可以支持这个观点吗？

2001年，詹姆斯·达布斯（James Dabbs）及同事发表了一篇论文，论文中提到，他们将杀人犯唾液中的睾丸激素和各自罪行的严重程度做了对比，结果发现，犯人的睾丸激素越高，他们的罪行就越残忍无情。研究表明，罪行的残忍无情是因为“睾丸激素高的犯人和其杀害的对象不是陌生人，而且他们在犯罪之前早就做好了计划”。人们认为这种行为更残忍无情，因为这不是应激行为下的犯罪，而是精心谋划过的。

这是为什么呢？萨拉·库珀（Sarah Cooper）及同事在2013年发表的一篇文章中对此进行了研究。他们连续四周给雄性小白鼠喂食睾丸激素，随后让小白鼠们完成一项测试。这些小白鼠有两种杠杆可以选择：安全杠杆上挂着少量食物；危险杠杆上配备了较多的食物，但这种杠杆会对小白鼠的脚进行更大的撞击。那些被喂食了睾丸激素的小白鼠更倾向于选择危险杠杆。据研究人员说：“那些被喂食了睾丸激素的小白鼠不顾脚部受到撞击的风险，而选择获取更大的回报，它们的风险承受能力要更高一些。”

研究人员通过这项测试帮助我们更好地理解了“暴怒行为”。暴怒行为指的是当男性服用某些类固醇（类固醇是睾丸激素的合成衍生物）时，通常会表现得更加冲动和具有攻击性，这与我们的进化论观点相一致。睾丸激素越高，人们就越容易冒险，比如攻击或伤害他人。

在继续解释睾丸激素和暴力行为之间的复杂关系前，我们先来讲一下人们是如何把这两件事联系在一起的。这一切源自1849年，是一个关于一位德国医生、六只公鸡和一份四页半研究论文的故事。

1848年8月2日，一个名叫阿诺德·伯特罗德（Arnold Berthold）的医生想出了一个主意，他要阉割六只公鸡来进行观察。他切开了其中两只公鸡的一颗睾丸，被剥离出来的这颗睾丸随意地挂在另一颗睾丸边上。随后，他取掉了其他公鸡的所有睾丸。伯特罗德给前两只公鸡分别取名为克里斯蒂安和弗雷德里克，他对这两只公鸡的所作所为简直丧心病狂。他从克里斯蒂安身上取下一颗睾丸植入弗雷德里克的肠子中，又把弗雷德里克的睾丸植入克里斯蒂安的肠子里。19世纪的医学简直令人震惊!

伯特罗德发现失去所有睾丸的公鸡“没有攻击性”，而且“它们很少卷入其他公鸡的斗争中，它们对此毫无热情”。只被切除一颗睾丸的两只公鸡挺正常的——“雄赳赳地打鸣”“没事就和其他公鸡打一架”。他还发现，放在克里斯蒂安和弗雷德里克的肠子里的睾丸已经附着在它们的肠道组织里了。医生认为这意味着睾丸中的某些物质被吸收了，而且转移到了身体的其他部位，进而激发了其攻击性。后来，这种物质被称为“睾丸激素”。这篇论文为现代内分泌学（控制荷尔蒙系统的学科）奠定了基础，继续影响着我们对男性攻击性的看法，以及荷尔蒙在人类暴力中的作用。

道理很简单。睾丸激素越高，攻击性就越强；睾丸激素越低，攻击性就越弱。然而，这种观点一再受到挑战。2017年，贾斯汀·嘉里（Justin

Carré）及同事在研究报告中指出：“睾丸激素与攻击性行为之间的关系远比我们想象的要复杂。”通过对动物和人类的研究（不局限于实验室内），他们得出结论：“尽管有证据表明睾丸激素与人类的攻击性或优势行为有关，但其中的关系要么太牵强，要么不一致。”因此，激素水平使男性更加暴力和具有攻击性的论断可能是夸大其词。

嘉里团队甚至认为睾丸激素和攻击性之间的联系被弱化了。我们的行为如何影响睾丸激素的分泌，以及睾丸激素如何影响行为，可能会是一个更有趣的话题。正如他们总结的一样：“睾丸激素的浓度在人类竞争中快速变化着——这样的浓度变化很好地预测了当下和未来人类的攻击性。”这意味着，当我们相互竞争时，我们的睾丸激素水平会提高，从而进一步增强了我们的攻击性。

很多研究结果与嘉里团队的研究结果一致，其中最著名的是关于体育比赛的系列研究。1980年，艾伦·马祖尔（Allen Mazur）和西奥多·兰姆（Theodore Lamb）发表了一篇研究竞争提高睾丸激素水平的文章，部分研究对象是男性网球运动员。网球运动员的睾酮在比赛胜利时会增加，而在失败后则会降低。嘉里和同事解释道：“这是因为睾丸激素对竞争具有高度敏感性……通常获胜者的睾丸激素浓度比失败者的睾丸激素浓度要高。”他们进一步解释说：“睾丸激素水平的急剧变化可能有助于促进竞争和侵略行为。”也许，睾丸激素能够更好地与攻击性相结合，帮助我们在竞争中脱颖而出，比如赢得奥运金牌或职场晋升。所以，下次当你听到有人说睾丸激素使人变得很暴力时，就可以纠正他们了。

好了，是时候进行一些同理心训练了。新的问题来了，我们什么时候“可以”杀人呢？

电车难题学

我们应该区别对待每一桩杀戮事件。假如你是一名士兵，出于自保和保护他人而故意杀了人，这种杀戮无可指责。我们也许会出于正义、自由、权利等名义而战斗，也许会为了大局着想而进行杀戮。那么，在哪些情况下不应该杀人呢？有些人可能认为，如果杀戮的坏处大于好处，我们就不应该杀人。然而，这种好处完全取决于杀人者的主观意识。

我们用一个经典的思想实验来阐述这一点：电车难题。这个实验被修订过很多次，现代版本源自菲利帕·福特（Philippa Foot），他在1967年针对不同的电车难题展开了全面的研究，该研究领域被称为“电车难题学”。

实验场景如下：一辆失控的电车正在快速地驶来。一个疯子将五个人绑在了电车必经的轨道上。幸运的是，你可以拉动转换杆，让电车转到另一条轨道上，这五个人就安全了。可是，有一个人被绑在另一条轨道上。那么你会拉动转换杆吗？

不管这样的情形记载于文字还是存在于虚拟现实中，研究人员发现绝大多数人会试图尽可能多地救人。根据亚历山大·斯库莫夫斯基（Alexander Skulmowski）及同事在2014年发表的一篇论文可知，“这种设定并没有涉及自己，所以认知反应在其中占据了主导地位”。他们认为：“这种事不关己的情形使得更多人选择了功利主义来进行判断，他们更倾向于牺牲一个人的利益来换取更多人的利益。”当这种情形发生在虚拟现实中时更是如此。研究人员让参与者完成一个虚拟现实中的计算机游戏。参与者必须做出决定，要么让火车撞死十个人，要么拉动转换杆只撞死一个人，96%的参与者都选择了牺牲一条命来救回十条命。参与者们被要求连续玩了十次游戏，但大部分人每一次的决定都是一样的。从大局出发，哪个好处多就选哪个。我们在事不关己的时候，总是显得如此理智和冷静。

研究人员稍微改变了场景设定：一辆失控的电车正在快速地驶来。轨道上有一处岔口，岔口左边的轨道上站着一个男人，右边的轨道上站着一个女人。无论你怎么选择，总有一个人会死。那么你选择左转还是右转？

斯库莫夫斯基及同事们发现，大部分参与者倾向于牺牲轨道上的男人，尤其是男性参与者。62%的男性参与者选择了杀死轨道上的男人。研究人员认为这出于社会赞许性——因为拯救女性相较于拯救男性而言，更容易为社会所接受。我们不仅希望自己做的事是对的，还希望其他人从道德上认可我们的决定。我们希望自己得到好的评价，希望自己受到表扬，也有着一颗成为英雄的心。

不过，一旦事情与自己有关，情况就完全不一样了。

我们再次变换场景。一辆失控的电车正在快速地驶来。一个疯子将五个人绑在了电车必经的轨道上。你站在轨道上方的一座桥上，旁边站了一个非常高大的男人。如果你将这个高大的男人从桥上推下去，电车就会停下，可是这个高大的男人会死掉，但你能因此挽救轨道上的五条生命。你会把这个高大的男人推下桥吗？

如果你犹豫不决，觉得没办法面对双手沾染鲜血的自己，那也很正常，因为有这种想法的人不止你一个。“当我们需要亲手促成一个人死亡的时候，我们会觉得很被动，因此会选择顺其自然，让轨道上的五个人死亡。”斯库莫夫斯基及同事说道。研究表明，相比于拉动转换杆，很少有人愿意亲手将他人推下桥，不管这个人最终会不会死，他们都不愿意。

让我们最后改变一下场景设定。研究人员艾普丽·布雷斯克-雷切克

（April Bleske-Rechek）及同事在2010年的实验中给参与者提供了四个版本，我们来参考一下。

一辆失控的电车正在快速地驶来。一个疯子将五个人绑在了电车必经的轨道上。幸运的是，你可以拉动转换杆，让电车转到另一条轨道上。

版本1：不幸的是，一名70岁的陌生女性被绑在了另一条轨道上。

版本2：不幸的是，你的一个20岁的男性亲戚被绑在了另一条轨道上。

版本3：不幸的是，你2岁的女儿被绑在了另一条轨道上。

版本4：不幸的是，你的爱人被绑在了另一条轨道上。

你会如何选择呢？研究人员发现："正如预期的那样，不论是男人还是女人，都很难进行选择，他们没有办法牺牲任何一条生命来拯救另外五条生命。"当我们面对个人牺牲和情感牺牲时，立场会分分钟发生改变。我们可能会觉得没有任何人的性命比得上我们的亲人。即便需要牺牲一千个人才能拯救自己的孩子，从道德上或者至少从本能上来说，我们也会觉得这么做才是对的。

神经科学家约书亚·格林（Joshua Greene）及同事进行了道德决策相关问题的研究。他们认为，因为情绪极大地影响了我们进行道德决策的过程，因此当我们面对道德困境时，会做出不同的选择。当纯粹依靠逻辑和所谓的"受控认知过程"做出道德决策时，我们更有可能以功利主义为原则来做出决策，从而最大化自己的利益。

然而“自动情绪反应”（比如涉及杀人或失去女儿时）可以完全改变这一过程。当我们受到这种情绪干扰的时候，就很有可能做出自私的判断。在之前的场景中，权衡牺牲一个人还是牺牲五个人时，我们选择了前者；而权衡牺牲自己人还是外人时，我们选择了后者。

神经科学除了告诉我们在面对这种困境时大脑是怎么想的，还告诉了我们很多东西。2017年，一个科学小组发表了一篇研究论文，回顾了当时关于道德决策和道德评价的所有神经科学研究。他们发现，当我们做道德决策时，有一些大脑区域很活跃，所有类型的道德决策都涉及了大脑中左侧颞中回、额内侧回和扣带回的活跃性的增加。

他们还发现：“在判断他人的道德行为和自己做出道德决策时涉及的大脑区域是不一样的。”（如图2-1所示）当有人问你是否应该拯救溺水的人和别人应不应该拯救这个人时，你的大脑反应是不同的。在做出自己的道德决策时，我们使用了大脑的另外三个部分——“道德反应决策额外

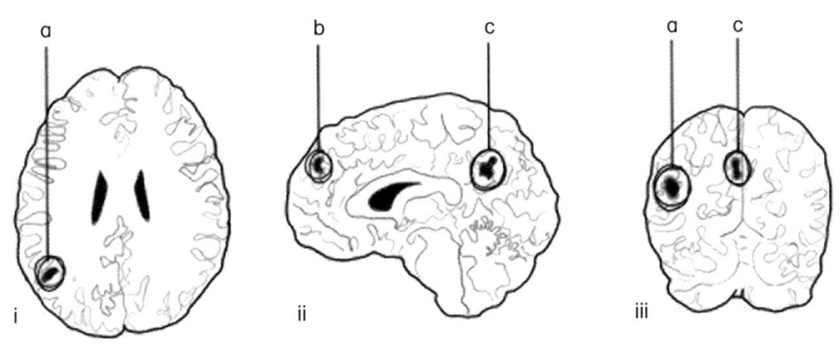

图2-1　道德决策

左侧颞中回（a）、额内侧回（b）和扣带回（c）在做出各种道德决策时都很活跃。图中包括一张从顶部做的切片（i. 轴向）、一张侧面的切片（ii. 矢状）及后面的切片（iii. 冠状）

激活了左右颞中回和右侧楔前叶”。楔前叶是负责深层思考的大脑区域，主要思考“你是谁（自我）”和“意识”之类的问题。

在神经科学的带领下，我们稍微了解了人类是如何做出道德决策的，其重点突出了情绪的作用，而且告诉我们大脑怎样才能做出自己的道德决策。不过，大脑是唯一能够让我们有道德感的生理器官。根据加里根（Garrigan）及同事的说法：“似乎没有证据证明‘道德大脑’的存在，因为在道德测试中表现活跃的大脑区域也涉及其他功能。”即便情绪的确切作用仍然存在争议，我们依然假设实验中所面临的困境符合日常做决定的设定。你可能根本不会纠结于是否应该拯救自己的女儿，因为你会本能地跳出来救她，根本不考虑那五个陌生人的安危。

所以，只要杀戮是为了顾全大局或救赎其他人而做出的行为，似乎就没那么严重了。有些人尽管觉得自己做得不对，但还是选择杀死别人，他们并不依据社会所定义的功利主义来行事。这些人策划攻击行为，并精确地执行计划，他们不会陷入如此世俗的道德境地中。他们杀人是因为双方争执太过激烈，也可能是出于大局而杀人。

密尔沃基怪物

1994年，来自威斯康星医学院的杰弗里·詹岑（Jeffrey Jentzen）及同事作为法医参与了连环杀手杰弗里·达默（Jeffrey Dahmer）一案，并发表了他们的报告。

1991年7月23日，一个赤裸的、戴着手铐的年轻黑人男子从街道中间朝警察跑去。随后，该男子将警察带到了杰弗里·达默的家里。在那里，警察找到了一些人体组织，他们致电密尔沃基法医检验中心，开始对现场进行调查。达默非常配合，他甚至告诉调查组他是如何实施谋杀的。

该报告指出："达默住在一个狭小的单卧室公寓里，房间很简陋，但公寓本身很干净，维护良好，也没什么异味。"法医团队在小公寓里工作时，发现了一些人体组织，数量着实惊人。达默的冷冻柜和冰箱中保存着一些人类的头颅、解剖过的人类心脏和躯干，还有"一个装着31块皮肤的塑料袋，皮肤碎片是不规则的方形"。警察们找到了一个装着手和其中一位受害者的生殖器官的烹饪锅，以及厨房储藏柜内干净的颅骨。他们还在卧室里找到了更多的身体部位，包括五个头骨、一具清洁的骨架、一张完整地带着头发的头皮，以及脱了水、被涂成高加索人肤色的生殖器。达默甚至整理了一本名为"摄影日记"的相册，包含不同肢解阶段的细节且将其进行了归类，他在相册里清楚记录了受害者在被杀之前的细节。

在解剖尸体期间，法医团队发现了一些更奇怪的东西——一些受害者的颅骨上被钻了一排整齐的孔。有证据表明受害者在死亡之前，大脑中被注入了酸液。与达默的对话记录中提到，"这些受害者肯定感到特别无助，因为达默试图将他们当成无意识的行尸走肉来使用"。31岁的达默似乎觉得自己是一具僵尸。

两个陪审团均认定达默在作案时神志清醒，他因谋杀16名年轻男子而被判刑。他将年轻男子引诱到自己的公寓中，让他们吸毒，强奸他们，并将他们切成碎片，通过水煮或冷冻的方式来保存人体的组织，还将整个过程用照片记录下来，作为"陪伴他的纪念品"。如果有一张所谓的邪恶检验单，他几乎能满足检验单上的所有条件。

那么，他是邪恶的吗？受害者的亲属称他为“撒旦”，法官判处他15次无期徒刑（以免他熬过第一个刑期而被释放出来）。达默希望自己被处以死刑。从某种程度上来说，他的愿望实现了。达默被监禁两年后，他的一个狱友用扫帚把他打死了。1994年，他的尸体在监狱厕所里一个满是鲜血的池子中被人发现。杀人犯反被杀人犯所杀。

我们很难解释他的行为。他看起来完全受到自身欲望的驱使，但他也有柔软的一面，他说自己杀人并保留尸体的一部分原因，就是因为他很孤独，不希望受害者离开他，他只是想要陪伴而已。

他的大脑不正常吗？他缺乏同理心吗？我们不知道，但我们知道他在心理评估中表现正常，他知道自己做的事情不对，也对受害者表示同情。但是他的孤独战胜了他的同理心。

先不论连环杀手，孤独是大部分人具有的一种特征。我们进一步来探索孤独背后的社会因素和文化因素，以及导致这种现象的原因，例如，美国为什么拥有迄今为止全球最多的连环杀手呢？社会学家朱莉·维斯特（Julie Wiest）撰写了大量关于连环杀手的文章，她在文章中指出，美国文化助长了连环杀人案件的发生，新闻上给谋杀犯起的那些昵称尤其滋长了犯罪的歪风。连环杀手借此方式进行炒作，也因此拥有了粉丝，从而一夜成名。

犯罪学家萨拉·霍奇金森（Sarah Hodgkinson）及同事在2017年发表了一篇关于连环杀手的研究分析报告，报告中指出：“一直以来，公众对连环杀人案件的兴趣极为浓厚，不过简化论和个性化的说法占据了言论阵地。这些说法贯穿于公众对连环杀人案件的一系列刻板印象中，从而误导了公众，甚至掩藏了杀人行为的多样性。”连环杀人案件发生的频率很低，所以我们很难获得有用的数据来帮助我们建立模式，而且关于连环杀人案件的学术论文太少了。霍奇金森和他的同事们认为我们需要讨论“通过更广义的社会角度来看问题”，人们为什么会犯下连环杀人的罪行——如果我们想了解连环杀手，就需要先了解他们的生活环境。

连环杀人行为让人难以理解，而且我们缺乏有效的数据来进行分析。虽然相关的分析还不够透彻，但公众普遍认为，在很大程度上，连环杀手杀人的原因和那些只杀了一个人的谋杀犯一样——有些人享受杀戮，有些人感到孤独，而有些人遭到了轻视。

我们在探究掩藏在杀人犯恐怖外表下的真相时就会发现，即便再穷凶极恶的罪犯，本质上也只是人罢了。这似乎表明在很大程度上，人们杀人的原因跟他们平时做其他事情时一样，没什么特别的，他们这样做只是为了处理人类的基本情感，比如愤怒和嫉妒、欲望和贪婪、背叛和骄傲。

那些研究谋杀犯大脑的研究员可能会认为这些人存在基本的人格缺陷，他们会选择以更加强烈和不受控制的方式表现出这种缺陷。如果我们认为进化论研究员是对的，便会发现自己也有谋杀的可能。如果你的谋杀幻想加深了，而且不会对自己造成什么损失，那么你可能会实施同样的行为。或许你与连环杀手不同的地方只在于你有功能齐全的前额皮层，因为你能够很好地控制你的行为。

我们害怕死亡，所以我们害怕那些谋杀者。然而，正如苏格拉底所说：“没有人经历过死亡；没有人能具体解释死亡，死亡可能是人类最大的财富；但人们惧怕死亡，就好像死亡才是最大的邪恶一样。”我们不要将自己对死亡的恐惧和剥夺他人人性的理由混为一谈。

第3章

畸形秀：
解构令人毛骨悚然的事物

关于小丑、邪恶笑声和精神疾病

他以为邪恶的敌人其实是他的本心。随后他试图掩盖本心，假装自己是个好人！

——弗里德里希·尼采《善恶的彼岸》

我们有时会用一些句子来形容陌生人的缺点："那家伙令人毛骨悚然""真是个怪胎""她吓死我了"。我们把这些描述当成对方的本性，而不是在特定情况下的偶然现象。但你仔细地想一想，"毛骨悚然"到底是一种什么样的感觉呢？人们知不知道自己会让他人感到恐惧呢？别人会不会也觉得你令人毛骨悚然呢？

一直没有科学实据能够让我们了解什么是毛骨悚然。2016年，弗朗西斯·麦克安德鲁（Francis McAndrew）和莎拉·科恩克（Sara Koehnke）针对这一问题出版了首部实证性的研究著作，他们试图深入研究这个看起来让人难以琢磨的概念。正如他们在书中所写的："我们将这个问题融入每个人的社会生活中。但奇怪的是，居然没有人用科学的方法研究过这个问题。"

那么，当我们觉得一个人令人毛骨悚然的时候会发生些什么呢？麦克安德鲁和科恩克认为"尖叫着四处逃窜"是人类受到威胁时的本能反应。我们会觉得困惑、不愉快，甚至还会打寒战，于是我们便知道有些事情出了问题。但仅仅描述这种感觉显然是不够的。研究人员提出，如果毛骨悚然是一种反应，这会给我们带来什么样的警示呢？他们认为，毛骨悚然"不仅仅警示我们可能要面对来自身体或社会的伤害"。当一个抢劫犯用枪指着你的头并逼你交出钱财的时候，你肯定会感到害怕，也会觉得受到了威胁，但大多数人可能不会用“毛骨悚然”来形容这种情况。

于是研究人员开始琢磨人们为何会觉得毛骨悚然。他们开展了一项由1 341名参与者参加的调查。参与者要做的第一件事，就是思考以下的场景：假如你有一个亲密的朋友，你很相信这个朋友的判断能力。朋友告诉你对于有些人，他只需看一眼，便会觉得对方令自己感到毛骨悚然。

研究人员给参与者提供了44种不同的行为模式或身体特征，参与者需要对其做出评估。几乎所有参与者（95.3%）都认为男人比女人更令人毛骨悚然。研究人员还发现了一些核心因素。以下的几项特征最令参与者感到毛骨悚然：

（1）某人站得离你的朋友很近。

（2）某人有一头油腻的头发。

（3）某人笑得很诡异。

（4）某人双眼凸出。

（5）某人手指细长。

（6）某人留着一头乱发。

（7）某人皮肤过于苍白。

（8）某人有眼袋。

（9）某人穿着奇特。

（10）某人频繁地舔嘴唇。

（11）某人穿着肮脏。

（12）某人莫名其妙地大笑。

（13）某人逼得你的朋友不得不粗鲁地终止谈话。

（14）某人固执地要聊某一件事情。

还有一些特征，包括极度瘦弱、不愿意直视你朋友的眼睛、要求给你的朋友拍照、在互动之前先观察你的朋友、询问你朋友的私生活细节、患有精神疾病、谈论他们自己的私人生活、表现出不恰当的情感、开启性话题等，都让人觉得毛骨悚然。具备上述特征的男性尤其可怕。

这些人都从事什么工作呢？最令人毛骨悚然的职业（按顺序排列）是小丑、动物标本制作者、性用品商店老板和殡葬承办人。而最令人感到安心的职业当属气象学研究员了。

其实很多令人感到毛骨悚然的人，并不会觉得自己很可怕，至少有59.4%的参与者是这么认为的，所以很多人认为这些人根本不可能改变。这是什么意思呢？研究人员对参与者提出了一些关于诡异的人类本性的问题，大部分特征都可归于三个核心因素：（a）这些人让我们感到恐惧和焦虑；（b）这些人的性格比行为还要可怕；（c）这些人可能对我们有“性”趣。

研究人员进一步解释道：“他们可能并不具有明显的威胁性，但他们不寻常的语言行为模式、奇怪的情绪反应或独特的身体特征看起来非常奇怪，我们很难预测他们的行为。这会让我们感到害怕，从而提高自己的警惕性，因为我们会不停地探究这个人身上是不是真的有什么可怕的东西。”这些特征表明，我们很难预测朋友的交往对象会不会令人感到毛骨悚然。实际上，当我们纠结于面前的这个人可不可怕的时候，毛骨悚然的感觉已经油然而生。

首先，让我们了解一下这种简单的评估有多准确。我们能否凭借一次短暂的接触就判断一个人是否值得信任，或者他们是否有可能伤害我们呢？这种评估失败的概率有多大呢？失败的后果是什么？我们会在看到某人照片后的39毫秒内，对其可信度做出直观的评估。那么，让我们从这里开始了解吧。

我最喜欢的一项研究报告（尽管规模很小），是斯蒂芬·波特（Stephen Porter）和他在加拿大的同事于2008年发表的一篇关于我们能否准确判断一个人的面部特征的论文。在这项研究中，他们要求参与者给34张成年男性的照片打分，这其中一半男性是值得大家信赖的人，另一半则反之。参与者被要求仅凭一张照片来对每个人的可信度、友善度和攻击性进行评分。

研究人员是如何知道照片中的人是值得信赖的呢？因为值得信赖的这一半人“要么获得了诺贝尔和平奖，要么获得了加拿大勋章，他们被公认为对人类和平和社会做出贡献的楷模”。另一半人则来自美国头号通缉犯名单，那是一群犯了严重罪行却妄图逃避司法审判的人。

研究人员在总结中写道，一旦参与者认出一张面孔，他们就得告诉参与者真相，但“34个目标中没有一个被参与者认出来”。尽管研究人员对此结果很满意，但我还是有些失望，参与者居然没有认出任何一张脸，一个也没有。这说明了一件事，首先，“头号通缉犯”的照片已经过时了；其次，似乎我们大多数人都不知道或不认识那些世界上最优秀的人。这是令人惭愧的。或许我们应该组织一个诺贝尔奖获得者的电视真人秀，这样的话，人们就会关注我们周围最优秀的人的生活了。

那么，你认为你能够通过外表分辨出谁是诺贝尔奖得主，谁是重刑犯吗？在对通缉犯进行分辨时，参与者的表现略差于抛掷硬币的人（抛掷硬币的人猜出某一面的概率是50%），他们只正确识别出了其中的49%。当分辨值得信赖的人时，他们的表现略好，辨别出了63%的诺贝尔奖得主。基于参与者给出的评分，人们大多在被评估对象的脸上寻找善意和攻击性的迹象，研究人员得出的结论是：“参与者通过面部表情评估可信度时，直觉带来的优势很小，而且错误是常见的。”

这让人想起杰里米·米克斯（Jeremy Meeks）的事情，他因其最帅的入狱照在网上疯传而出名。他被控非法持有枪支、在公共场合携带上膛的枪支及参加帮派活动而被捕，但他那双锐利的蓝眼睛、完美的肌肤和轮廓分明的五官引起了网友们的关注。他的外表大大提高了人们对他的关注度，从而赢得了众多粉丝，他还因此得到了一份模特合同。这恰恰说明，当我们过分关注外表时，我们的整体判断力就会受到影响，很有可能会将我们置于危险之中。

最初对于“毛骨悚然”的研究让我们将其和诺贝尔奖得主联系起来，现在我来介绍另一个加拿大研究小组的研究成果。2017年，马戈·瓦特（Margo Watt）和同事们发表了一项研究报告，他们发现，令人毛骨悚然的人通常被认为是身材瘦长、不讲卫生、举止笨拙的男性。他们还测试了波特及其同事对于诺贝尔奖得主研究中的15张照片的看法，想知道更多可能影响可信度的因素。他们发现，另一个解释可信度的重要特征是吸引力。有魅力的人被认为是值得信赖的，无论他们是诺贝尔奖得主还是罪犯。

这种情况我们在浪漫喜剧中见过，一个帅哥站在窗外，手里提着一台老式收音机，多浪漫啊。换成一个不好看的人做同样的事情会怎么样呢？他肯定被认为是个神经病。好看的外表会令我们辨别坏人的能力失常，我们会对好看的人做出各种各样的错误判断，这被称为“光环效应”，也就是所谓的“加滤镜”。光环效应一般发生在我们认为长得好看就意味着是好人的时候。我们假定这是一种根深蒂固的偏见，从社会层面上来看，更有吸引力的人通常更值得信赖、更有抱负、更健康……我们也会认为他们很了不起。

与“光环效应”相反的是，“魔鬼效应”让人们认为在某一方面不受欢迎的人可能在所有方面都不受欢迎。如果你的行为违反了规则，比如犯罪，情况就更糟糕了。打破常规可能会导致双重魔鬼效应，因为不雅观的外表和糟糕的行为举止，一些人会被认为从本质上就很邪恶。一旦被贴上了这个标签，你甩都甩不掉。

研究表明，那些不讨人喜欢的人不太可能找到好工作，也不太可能得到合理的医疗保障（医生可能也有偏见），甚至很少受到他人的善待。根据我与英属哥伦比亚大学的同事们在2015年进行的一项研究表明，相貌平平、看起来不可信的人可能会被陪审团在证据不足的情况下定罪，即便在有证据证明他们无罪后，他们被判无罪的可能性也很小。其他研究人员也发现了类似的情况：一张不可信的脸有可能让你受到更严厉的刑罚，比如死刑。

让我们回到瓦特的研究结论上来，他认为令人毛骨悚然的人是身材瘦长、不讲卫生的男性。研究人员还发现，大多数人表示他们会在第一时间评估某人是否令人毛骨悚然，这更符合我们对陌生人性格的正常判断。我们以为对一个人的看法往往是即时的、直观的，而且对人的最初印象很难改变。事实上，它是无意识的，主要涉及大脑的情感中枢——杏仁体，这是在我们有时间思考之前就发生的。不过仅仅因为一个人的长相就使其处于劣势，这样妄下结论是不公平的。

面相差异性

的确，我们没办法那么快抛掉第一印象。有时我们有机会和某人在现实中交往，而不只是看对方的照片。与人交流的方式会影响我们做出判断的准确性吗？在2017年的一篇文献综述中，让-弗朗索瓦·博纳丰（Jean-

Francois Bonnefon）和他的同事着手研究关于我们发现值得信赖的人（在研究中被称为“合作者”）的能力的科学情况。他们对比了两组研究的结果，一组是让人与人进行长期的互动，另一组是只给人们看其他人的照片。如果人们之前有过互动，那么他们可以在后续的游戏中很好地合作；如果他们只是看过照片，他们在后续的游戏中配合就很困难。他们的研究结果显示，人们“很难从图片中提取信息”。这表明一个人的行动和表现方式能透露一些信息，来证明他们是否值得信赖。其实即便是照片，我们仍然觉得它比偶然发现的值得信赖的东西要好一些。

那么人们注意到的是什么呢？在最初麦克安德鲁和科恩克关于毛骨悚然的研究中，84%的参与者认为毛骨悚然与面部表情有关，80%的参与者认为与眼神有关。

恐怖电影经常这样做。影片中的反派就像被恶魔、吸血鬼或丧尸附身一般，眼睛都是黑色、白色或血红色的。因此，我们常常根据眼睛来判断一个人是不是“正常人”。与其他相关的研究不同的是，研究人员对“令人毛骨悚然”的人的研究报告还得出一条结论——“对令人毛骨悚然的定义往往围绕着不同的主题”，这进一步支持了我们会被长相或行为异于常人的人吓到的观点。

这也符合“好看即好人”的观点。但是，我们应该如何协调好这两种观点：一种是迷人的面孔最值得信赖，另一种是典型的面孔最值得信赖。难道迷人的面孔不比典型的面孔更值得信赖吗？这一观点是不确定的。1990年，朱迪斯·朗格路易斯（Judith Langlois）和洛莉·罗格曼（Lori Roggman）成为第一批研究并证实“迷人的面孔只是普通人”这一观点的人。他们拍下照片，将其数字化，然后制作成合成脸，将数据库中所有照片的特征平均起来，为这个群体创造了一种不可能的典型人物的形象。他们发现，在数据库中输入越多的面孔，典型人物的形象就越接近于一张普通的面孔，也就越有吸引力。

具体原因尚不清楚，但这可能与大脑的自然抽象性有关。大脑喜欢创造典型，也许是因为我们交往的大多数人的行为方式使大脑感觉值得信赖，让我们看到一些使人们的脸变得熟悉和安全的典型特征。一般而言，健康与一张正常的脸也是有联系的，而且健康象征着安全和有吸引力。

话虽如此，有些人好看极了，长相远超普通人。卡梅尔·索弗（Carmel Sofer）及同事从2015年开始进行的一项研究显示，魅力与可信度之间的关系变得有点复杂了。当人们变得越有吸引力且越接近于普通面孔时，可信度就会越高。不过，一旦你超过了普通人的相貌，可信度就会再次下降。这意味着相貌太出众也会让人看起来不那么值得信任。如果你太性感了，你会变得与众不同，人们可能不太信任与众不同的人。

当我们谈及吸引力的时候，你可能听说过有吸引力的脸是对称的。确实是，但只在一定程度上如此。据蒂姆·王（Tim Wang）与同事所写的有关面部手术文献的综述，他们发现，“尽管面部对称与吸引力密切相关，但完美的面部对称会令人不安，一定程度的面部不对称被认为是正常的”。相关研究发现，毛骨悚然的感觉源于对方的眼睛，本文作者再次研究时发现，“人们休息时眼皮位置的不对称是最敏感的面部特征”。这就意味着，当某人的眼睛太对称或太不对称时，我们都会觉得这是有问题的。也就是说，眼睛过于对称或过于不对称都不太好。有一双不对称且下垂的眼皮令人毛骨悚然，有一双完全对称的眼睛同样令人毛骨悚然。

的确，在脸上添加或修改任何东西，使它偏离一般的人类形象都会让它变得恐怖。无论是与生俱来的或受过伤的，还是因为拙劣的整形手术导致的，我们大多数人都不会选择拥有一张恐怖的脸。面部毁容会让你更容易成为大街上被关注的目标，成为工作中受到歧视的对象，甚至像痤疮这样的面部情况也会影响到他人对你的信任程度。2016年，E·特桑科娃（E. Tsankova）和A·卡帕斯（A. Kappas）发表的一项研究报告表明，皮肤的光滑程度（是否有粉刺，而不是是否有皱纹）会影响对可信度、才能、吸引力和健康的评判。即使是很小的改变，比如在脸部附近文身，也会对我们不利。研究发现，这将意味着在别人看来你更像一个罪犯。

这在很大程度上超出了我们的控制范围，也不符合我们的心理特征，如果我们的脸比较吓人的话，他人很有可能让我们处于劣势位置，这会使我们陷入人性的阴暗面。长期以来，人们都在心理和身体上排斥一些看起来与他们不一样的人。当我们还是孩子时，那些长着和我们的认知里不一样的脸的人就会特别吸引我们的注意力，但通常是以一种不友好的方式。孩子们对长相不同于自己的人很残忍，面部有缺陷的人总是会受到同伴的骚扰和嘲笑。

我们为什么会如此残忍呢？有一种基本的进化论观点认为，畸形和不对称可能是遗传疾病和虚弱的标志。我们天生厌恶疾病，这在一定程度上归因于我们的生存法则。这就意味着，当我们面对疾病的征兆时，同样会感到糟糕。我们会被那些看上去身强体壮的人所吸引，而会避开那些瘦弱多病的人。我们害怕遇到潜在的感染或孩子会遭受类似的痛苦。这也许能解释为什么我们会对某些人避而远之，但这并不能成为我们对他们残忍的理由。

我发现一个特别有说服力的观点，可以用来解释对长相不同的人的残忍，那是因为这与我们对人脸碎片的感知有关。卡特里娜·芬奇（Katrina

Fincher）和同事在2017年发表了一篇文章，他们认为人类感知人脸的方式会导致人们失去人的本性。当我们察觉到一张面孔上没有特别突出的地方时，我们立刻就能把它看得一清二楚。我们会把它视为一个整体，视为一个完美的人。

一旦有异常的地方吸引我们的注意力，我们就会开始解构这个人和他的脸部特征。看看那张畸形的脸，那双瞳距很近的眼睛、那滑稽的鼻子、那粉刺、那文身……我们不再把脸视为一个人的一部分。卡特里娜·芬奇和同事认为，"这涉及从配置到特征处理的转变"，这意味着我们需要从把脸部看作一个整体、一种配置去观察，到仅仅关注某个特征。他们认为，这"使得施加伤害成为可能，比如遭受严厉的惩罚"。就如同希特勒能狠下心去伤害他人是因为他不再把人当作人一样，我们的感知也会欺骗我们，从而导致"感知的非人性化"（见下图）。

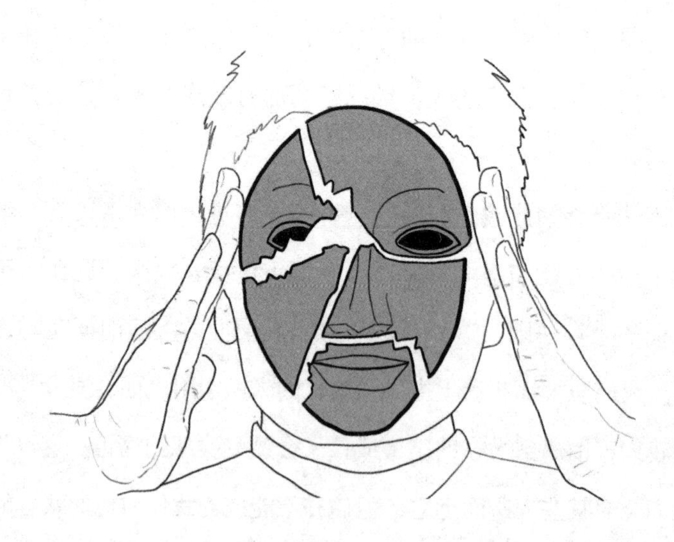

图　感知的非人性化

（当我们不再将人类面部和人类视为一体，甚至不将它们当作人类看的时候，我们在感知上就剥夺了它们的人性）

解决这种情况的唯一方法就是要警惕其发生，当我们意识到对某个人的第一反应是恐惧时，就要停下来反思一下。不过我们可以尝试着去和那个脖子上有文身的人聊聊天、聘用脸上有痘的女性、教育孩子不要盯着脸上有缺陷的人看。

人们难以接受与之不同的面孔，更难以接受的是与之不同的思维。比如，精神方面的疾病就经常会与恐怖、邪恶和犯罪联系在一起。

跟我坐在一起

我们害怕黑暗的原因是：我们不知道那里有什么，看不见那里是什么，所以在那里可能会出现任何东西。那里发生的一切都是不可预知的。那些和我们想法不同的人，我们不知道他们下一步会做什么，我们无法理解他们的想法，甚至无法理解他们的思维方式，我们的行为预测以失败告终。人们不喜欢这种不可预知的事物，因为秩序和管控才是安全的。不可预知性潜存着不安全的因素，而且人们能够感知到它的危害。

虽然精神疾病的特征并不能说明什么，但它是一种顽固的、毁灭性的偏见。最明显的偏见之一就是，当发现某人患有精神疾病时，无论是生理上的还是心理上的，我们都会与之保持一定的距离。

有一项试验针对暴力和心理疾病之间的直接联系进行了研究，试图分析这种若隐若现的偏见。在这项试验中，参与者被要求待在一间等候室里，他们将会在那里见到一位年轻的女性精神分裂症患者。房间里有七把靠墙并排放着的椅子，参与者可以清楚地看到在第二把椅子上放着写字板和毛衣，他们被告知这是那位女患者的椅子，而且她很快就会回来。她其实并不在房间里，所以参与者不会被她的外表或她的疾病所影响。

当然，这项试验研究的是参与者的行为举止，研究人员想了解参与者会怎么坐。他们发现参与者一般会坐在第二把和第三把椅子中间，那是他们期望精神分裂症患者回来时会坐的位置。结果其实并不算太糟，但它告诉了我们一些微妙的事情，比如精神疾病会影响我们在社交场合对待他人的方式。一般来说，你觉得自己会更愿意挨着没有精神分裂症的人坐吗？很有可能。

如果他们遇到一些所谓的“积极”特征，比如当他们正与想象中的朋友交谈或对幻觉做出反应时，情况就更如此了。这些特征被称为积极的，并不是因为它们是好的，而是因为它们是一种“奖励型”的，这是属于个人的现实。现实情况积累得越多，他们就越能看到和听到不存在的东西。这些症状与“消极”特征形成了鲜明的对比。

男女老少都有很强烈的恐惧探测雷达，帕克·梅金（Parker Magin）及同事在2012年进行的一项研究支持了这一观点。该研究表明，在候诊室里，有近30%的人表示，与被诊断患有精神分裂症的人共处一室会让他们感到不舒服；还有12%的人表示不愿意与抑郁症患者待在一起。有些人认为，这种对精神病患者的歧视行为可以被视为“第二种疾病”。由于其他人对待他们的方式，那些患有精神疾病的人往往遭受着越来越多的焦虑和压力。

即便是孩子，如果他们与众不同，也会被认为是危险的。2007年，伯妮斯·佩斯科索利多（Bernice Pescosolido）和他的同事进行了一项研究，主题为“精神健康问题儿童的危害性”。他们调查了1 152名受访者，要求受访者在童话故事中给儿童的危险性打分。他们发现，与其他有健康问题的儿童相比，“患有抑郁症的儿童被认为对他人有超乎常人两倍以上的危险性，而对自己则有超乎常人十倍以上的危险性”。他们还发现ADHD（注意力缺陷多动症）儿童也有类似的情况，“与有‘常见问题’的儿童相比，ADHD儿童对他人和自己造成危险的可能性大约是前者的两倍”。患有抑郁症和多动症的孩子被认为是存在危险的。

但这是真的吗？他们会更危险吗？

这是恐怖电影和电子游戏中常见的主题，讲述了那些看似天真无邪但实际上很危险的孩子。当我很小的时候，看过的第一部恐怖电影讲的是关于一群孩子控制了一个小镇的故事，他们都是有着施虐行为和报复心理的小孩子。不过这种情况不只会在小说中出现。媒体深入研究了儿童的心理健康问题，特别是那些实施极端暴力的儿童。在暴力儿童的世界里，没有什么比校园枪击案更极端的了。致命的校园暴力已成为公众讨论的热点，他们想了解究竟是什么导致小小年纪的孩子做出如此残忍的事。这也促使大型机构进行了研究，其中一项研究是由美国国家研究委员会资助的，并记录在2002年由马克·摩尔（Mark Moore）及其同事出版的一本书里。这项大规模研究的主要结论之一是，对于大多数持枪者来说，“严重的精神健康问题，包括精神分裂症、临床抑郁症和人格障碍等，在枪击事件后会逐步显现出来”，而且这些人全部是男孩。

他们的研究还得出结论，也有一些其他的危险因素，却没有一个因素是问题的关键所在。在这些持枪儿童身边的成年人看来，他们的行为并没有太大的危险性。父母和老师都不认为这些儿童是暴力的高危人群，更不用说最终发生的毁灭性事件了。

尽管暴力事件经常发生，尤其是在美国，但从统计数据上来看，校园枪击事件仍然很少见。这使得我们很难去研究它们，也很难准确了解是什么原因导致孩子们做出如此可怕的事情。从最初的调查看，精神疾病本身似乎并不是造成猛烈攻击的原因，而是由一系列复杂的问题所导致的。这些问题包括被孤立、被欺凌、缺乏父母的支持、滥用药物和容易获得枪支等。

当我们知道某人有精神疾病时，会下意识地将他视为危险分子并远离他吗？这个问题的答案有些复杂。茱莉亚·索维斯洛（Julia Sowislo）和她的同事们认为："这些看法是带有偏见的。尽管暴力风险的确有显著的升高，但大多数精神病患者都没有暴力倾向，所以风险还是很小的。"如果最初的风险值非常小，那么即便该值提升两倍或三倍，最后我们得到的依然是一个非常小的数值。

不过该数值跟病人所患的精神疾病的类型有关。2014年，吉莉安·彼得森（Jillian Peterson）及同事对患有精神疾病的罪犯进行了研究，他们发现在429起犯罪案件中，4%的犯罪与精神错乱（包括精神分裂症）直接相关，3%与抑郁症相关，10%与躁郁症相关。这一小规模的调研显示，精神疾病类型和犯罪有所关联，其中关联性比较大的精神疾病为精神分裂症、抑郁症和躁郁症。

正如研究者所总结的："精神症状与犯罪行为的关系不大。"当某人患有精神疾病时，哪怕他有"最危险的"症状，他也很少会因为他的症状而实施暴力行为。相反，通常情况下，导致暴力与导致精神病患者实施暴力的因素相同。

那么，我们究竟为何觉得犯罪和精神疾病之间有关系呢？这似乎与另一个因素有关，即药物滥用。精神分裂症或抑郁症患者比普通人更容易吸毒或酗酒。拉格纳·内斯沃格（Ragnar Nesvåg）及同事们在2015年进行的研究中指出，精神分裂症、躁郁症和抑郁症患者被诊断出有SUD（物质使用障碍）的比率分别为25.1%、20.1%和10.9%。他们的结论是："精神分裂症、躁郁症和抑郁症患者的SUD患病率比预估值高出十倍之多。"在这些情况下，物质的使用可能是为了自我治疗，逃避他们正在经历的可怕症状，或者只是纠结的大脑有时做出的错误决定。

这也是我们把它们联系起来的原因。精神疾病是滥用药物的一个诱因，而滥用药物又是实施暴力的一个诱因。据西玛·法泽尔（Seema Fazel）及同事们在2009年发表的有关精神分裂症和暴力的文献综述中所说："精神分裂症和其他精神疾病都与暴力和暴力犯罪（特别是谋杀）有关。然而，大部分危险似乎是由药物滥用合并症导致的。"换言之，当精神分裂症患者酗酒或吸毒时，几乎所有的风险都会增大。不过，这似乎与健康人在酗酒或吸毒后实施暴力的风险一样大——"这些共病患者实施暴力的风险与药物滥用的健康人实施暴力的风险相似。"由此可知，药物滥用才是上述因果链中最关键的一环，而非精神疾病本身，因为精神疾病本身不预示着暴力倾向。

我们远离精神病患者，这对于那些精神病患者来说，既无法理解，又充满打击。从把精神病患者关进不人道的精神病院，到借助法术来驱除他们身体内的恶灵，再到让他们受到公众的愚弄和虐待——我们仍有很多需要改进的地方。我们需要与我们大脑中失灵的报警器进行斗争。或许那些精神病患者是不可预知的，但不可预知并不代表着暴力。别害怕，让我们用不同的方式来接近他们。下次让我们找个机会，坐在除了酒鬼和瘾君子外那个行为怪异的陌生人旁边。

让我们重塑社会与精神疾病之间的关系！

邪恶的笑声

你可能听说过斯坦利·米尔格拉姆（Stanley Milgram）在1963年进行的一项有关“服从”的经典实验。在这项实验中，参与者会被告知他们扮演的角色是“老师”，每次当“学生”背错列表中的单词时，“老师”就必须对“学生”进行电击。“学生”其实是隔壁屋的一名研究助理。每次“学生”犯错，实验人员就会让“老师”增加电压——从最初的15伏直到后来的450伏，这可是危险的严重电击。

在某种程度上，“学生”会抗议电击电压的升高。据实验的原始手稿中所说：“当电击达到300伏时，被绑在电椅上的‘学生’会重击墙面，‘老师’可以听到撞击声。之后，‘学生’会停止撞击……但在遭受315伏的电击后，‘学生’会重复撞击墙面；之后就再也听不到‘学生’的声音了。”该实验看起来仿佛是“老师”杀死了“学生”。尽管如此，40名参与者中也只有14名会在电击达到最高电压前将其断开。这极好地证明了，即使是在一个基本的心理学实验中，人们也会不加思考地听从一个权威人物的指令，哪怕这个指令违背了他们的良知。在后面的章节中，我们将回到“服从权威”这个话题，但在这里，我想谈一下参与者对他们自身行为的情绪反应。

不出意料，大多数参与者在实验过程中都表现出了极大的压力。他们用一些比如“我认为这不人道”“这是一个地狱般的实验”“这太疯狂了”等低声抱怨来向实验者抗议，而且在实验结束后，服从的参与者会“摸摸眉毛、揉揉眼睛或者紧张地寻找香烟”。不过米尔格拉姆在实验中发现了一种令人意想不到的有趣的行为反应，就是参与者紧张时所发出的笑声。米尔格拉姆说：“有一类人越紧张就笑得越厉害。在实验中，40名参与者中有14名明显因为紧张而狂笑和狞笑，笑声听着完全不对劲，甚至有些古怪。还有3名参与者癫痫当场发作，其中有一名参与者在癫痫发作时，抽搐得过于厉害，我们不得不中止他的实验。事后，这名46岁的百科全书销售员对于自己异常且不可控的行为表示非常抱歉。”

那么他们到底为何发笑呢？是因为他们喜欢对陌生人实施电刑吗？当然不是。他们似乎是因为一些令他们感到窘迫不安的其他原因而笑。

狂笑和狞笑通常都与邪恶联系在一起。你可以想象一下，一个邪恶的巫婆咯咯地笑，一个连环杀手的狂笑和一个恶魔的狞笑。虽然这可能是人们在面对压力和不确定性时的一种自然反应，但在实验中，这些反应被描述为施虐得到快感后的反应。米尔格拉姆清楚地证明了这一点：“在实验后的访谈中，参与者们都尽力强调自己不是虐待狂类型的人，而且笑声并不代表他们享受电击受害者的过程。”

之前我们讨论可爱攻击性时，也讨论过情绪的不一致性，这种不一致性可能是一种保护机制。当我们经历极端的情绪时，大脑会试图通过让我们经历相反的情绪来避免短路。我们可以接受，当我们做一些让自己害怕的事情时发出的狂笑，当我们在葬礼上或感觉我们想要伤害自己所爱的东西时发出的狞笑，但我们很难看到暴力行为中自己不协调的面部表情与其他情况下不协调的面部表情之间的相似性。我们只认为那些在错误的时间展现出错误情绪的人是令人毛骨悚然的。

罗伊·鲍迈斯特（Roy Baumeister）和基思·坎贝尔（Keith Campbell）认为，狂笑之所以如此诡异，是因为受害者和犯罪者对错误行为的看法和经历不同。这与鲍迈斯特所说的“幅度差距”有关。他这样解释：“幅度差距的本质是受害者损失的比犯罪者获得的要多。”比如，当小偷偷东西时，被偷的东西对于受害者的实际价值通常比小偷卖出的价值要高。强奸犯可能只是享受了短暂的快感，但受害者要痛苦好多年。杀人犯夺走了他人的生命，给受害者的家庭带来了沉重的打击和痛苦——杀人犯得到的东西永远无法与受害者的损失相比。

这种不平衡性极为关键，就是因为有“幅度差距”，受害者才会认为罪犯的行为是无端的。“受害者可能会强调罪犯的行为是无来由的，或者是纯粹出于恶意的。”正如鲍迈斯特和坎贝尔的书中所写：“罪犯对于一种行为所产生的后果的评估远远低于受害者，因此若要了解罪犯的心理，我们就必须让自己远离受害者的视角。”当我们谈论罪恶时，我们会站在受害者一边，并从他们的角度来看待伤害。

因此，受害者容易把注意力放在罪犯的笑声上，而罪犯本人却很少提及。此外，“受害者会将罪犯的笑声视为罪犯正在享受自我的一种迹象，因此罪犯的笑声就成了邪恶的施虐快感的象征。”因为暴力受害者承受着巨大的压力，我们可以理解他们没进行细微的归因调整而对施暴者的笑声做出正确的分析。如果罪犯真的像受害者所感知的那样享受自我，那么“幅度差距”就会变成一道鸿沟、一个损失与获益程度大到不可调和的比率，我们称之为邪恶。“邪恶的笑声”是令人毛骨悚然的标志，因为它是“幅度差距”的最终体现。

我们转到另一个令人毛骨悚然的标志上。还记得我在本章开始时列出的各种让人觉得不适的特征吗？比如小丑或动物标本制作师，说话时站得太近或某人的手指太长。这项研究还指出了令人毛骨悚然的另一个标志——奇怪的爱好。

“收藏家”位于该清单的榜首。麦克安德鲁和科恩克认为：“收集东西是最常被提到的令人毛骨悚然的爱好。若收集的东西是玩偶娃娃、昆虫、爬行动物或人体的某些部位（如牙齿、骨头或指甲）的话，那就更令人感到恐怖了。”是的，这种情况很明显。

犯罪纪念品

我认为人们所收集的最奇怪的东西是“犯罪纪念品”。美国律师兼作家埃伦·赫尔利（Ellen Hurley）在2009年定义了“犯罪纪念品”：“犯罪纪念品指的是任何由杀人犯制造或拥有过的供出售的物品，以及任何与臭名昭著的案件有关的物品，但罪犯不一定对其有控制权。”虽然一些收藏家将“犯罪纪念品”视为贬义词，但我们可以从一种开放的、非批判性的视角来一窥其概貌。

有时犯罪纪念品是由凶手自己在监狱里出售的。以约翰·韦恩·盖西（John Wayne Gacy）为例，盖西以前是一名美国的连环杀手，他在20世纪70年代对至少33名年轻人进行了性侵、虐待和谋杀。在邻里聚会上，他会将自己扮成小丑“波哥”。在狱中，他制作并出售了一些被侏儒和孩子们追捧的相当可怕的小丑画。讲到这里，我们不得不提一下赫伯特·穆林

（Herbert Mullin），他杀死了13个人，声称这样可以预防地震。穆林在监狱中画了一些好看的山脉图。

据当时辛辛那提大学《法律评论》的编辑马修·瓦格纳（Matthew Wagner）说："犯罪纪念品的概念一方面反映了我们对名人的拥戴和对历史文化的纪念，另一方面反映了人们对神秘和极邪恶的罪行的猎奇心理。"他认为，犯罪纪念品的贩卖市场是从电子商务出现后才开始真正繁荣起来的，"将犯罪纪念品的出售和交易从地下收藏家市场转到一个成熟的市场"。或许是因为网上买家可以匿名，所以犯罪纪念品的市场非常火爆。

律师们之所以一直提起这个话题，是因为这个市场自成立以来就充满了争议。由此引发的问题是，罪犯是否可以从他们的罪行中获利？出售犯罪纪念品的罪犯往往会引起受害者和公众的愤怒。道德愤怒实际上在美国已经立法了，即名之为"山姆之子"的法律条文。据瓦格纳所说，这些是由"纽约州立法机构通过的原始法令来命名的"，其目的是"防止连环杀手大卫·伯克维茨（David Berkowitz）通过将他的故事的报道权卖给媒体，从而从中牟利"。他们对伯克维茨将其故事的电影版权卖给他人的猜测做出了直接回应，尽管伯克维茨本人对此从未提过。这些法律是先发制人通过的，目的是防止罪犯日后从这些安排中获益。然而在美国，像这样的法律是难以执行的，因为罪犯从犯罪行为中获得经济利益的反牟利法一般会侵犯其言论自由权。

虽然很难从源头上制止这样的销售，但电子商务网站可以管控其所销售的产品。比如像亚马逊这样的巨头就有政策明确禁止出售可能引起道德愤怒的物品，其中包括人类遗骸和纳粹纪念物。各国也可以管制从犯罪中获利的商品的销售。比如之前在德国出售希特勒的著作《我的奋斗》是非法的，直到2016年该著作有注解、学术性及批判性的版本问世。也许德国人认为，时代精神会再次成为种族仇恨的起因之一，所以他们希望通过展示而非掩盖的方式来提醒大家法西斯主义诞生的原因。

然而，罪犯出售他们的故事、手工艺品或脚趾甲这样的行为是不违法的，而且不应该是违法的。从受害者的角度，我们再次通过“幅度差距”来看待这个问题。的确，对于受害者及其家人来说，在罪犯犯下严重的罪行后，法院判决往往不足以让他们感到公平。让罪犯恢复常态，并允许他们利用自己的故事来赚钱，似乎是有悖常理的。律师可能都知道“不义之财不可取”这句谚语。

若我们不从受害者的角度来看待这个问题，我们就会看到一个在为社会和公正付出代价的人。没有人会被判处“四年监禁，且四年不允许有经济收入”。严厉的量刑和长期剥夺权利极有可能使大部分人丧失人性，而且大多数罪犯并不是为了身败名裂或想从故事中获利而杀人。

我好像跑题了。我们在这里要讨论的是犯罪纪念品的买家，而不是卖家。那么，为什么人们对这种“黑暗之旅”——购买人性黑暗面的纪念品的消费主义感兴趣呢？据社会学家杰克·丹汉姆（Jack Denham）的研究显示：“通过黑暗之旅进行的活动，虽然是一种病态的娱乐形式，但也可以被视为现代社会对抗和应对死亡的一种方法。”

人们选择崇拜的罪犯和那些有粉丝的人都代表着社会价值观的其他特性。虽然他们的行为不恰当，但他们的方法却令人钦佩。一个长期不被人注意的连环杀手往往是一个精心策划且懂得操控局势的人。最重要的是，他们都是按自己的规则行事的叛逆者。在某种程度上，他们就是反文化的化身。

真正理解这个概念的人是查尔斯·曼森（Charles Manson）。曼森认为这个世界会有一场末日般的种族战争爆发，他称之为‘狼狈之战’（Helter Skelter），他认为发起一场邪教般的屠杀将有助于种族战争的爆发。曼森被逮捕之后，在监狱里建立了自己的品牌，他发布了商业音乐，用纱线制作了蜘蛛模型，还创作了一些漂亮的迷幻画。据丹汉姆描述：“曼森是反文化的象征，通过这一系列商品而被消费着。”连环杀手和犯罪纪念品的拥护者们似乎把神秘的特性归于恐怖和离经叛道的行为。这比谋杀本身还令人着迷，这是名人崇拜，更是对其表现出来的反文化特征的崇拜。

也许，我们仍然很难理解他人对犯罪纪念品的迷恋，仍然认为这种行为是诡异的，但我们可以多去了解一些。

除了收集外，麦克安德鲁和科恩克的恐怖研究还提到了一些其他的爱好。那些喜欢观察他人的人，也被认为是令人毛骨悚然的，包括观察、跟踪或拍摄他人照片的人。很有趣的是，鸟类观察者也被认为是很恐怖的。我想这只是一种观察形式，当然我个人并不认为这很可怕，我只会联想到一对老年夫妇在森林里用望远镜观察树木。“看那里！亲爱的，那里有一只很罕见的小雀儿！”人们也经常提到对动物标本的迷恋，我不知道是否有人为了好玩而填充或收集死去的动物尸体，但我猜那应该很骇人，会让我们联想到死亡——这与我们的恐惧感密切相关。

最后，该研究还发现“色情或异国情调的性活动”与恐惧感有关。不该有的兴趣和恐惧感之间有强烈的关系，所以变态行为令人害怕也就不足为奇了。

总而言之，恐惧感看起来是一种试图保障我们安全的机制，但在实际运行时表现不佳。我们错误地认为诺贝尔奖获得者是臭名昭著的罪犯，我们会因为一些人在外表、心理、行为和兴趣上异于常人，就认为他们很可怕。你可以选择将这些信息记录下来，让自己不害怕或直接忽略它。

科技是另一种试图保障我们安全的系统，虽然它做不到。我们生活在一个深受智能手机、飞机、网络影响的世界中，我们可以问问自己，这些是如何对我们产生影响的，以及我们是如何影响它们的。接下来，我们将研究人类是如何用科技做坏事以及这背后的原因，还有科技本身存在的问题。

第4章

亦正亦邪的科技：科技如何改变了我们

关于劫机犯、邪恶机器人和网络骚扰

对于科技，我真可谓是爱恨交加。

当一种新兴科技产品上市时，我一定会第一个跳出来举双手支持。但是，我也深信科技具有摧毁人类的力量。互联网几乎可以满足我所有的购物需求，甚至还有很多免费内容供我阅读。不过，当为我量身定做的广告精准无误地向我投放时，也会令我坐立难安。我怀疑是否有人能听见或看见我的一言一行。从原则上来讲，我允许应用程序访问我的照片、位置和联系人，至于监视嘛，那就是另外一回事了，必须强烈反对。显而易见，我与科技的关系真是相爱相杀、一言难尽。

有人说，科技为我们带来了更便捷、更安全、更美好的生活，它可以让我们在现实和虚拟世界里体验新鲜事物，科技所带来的这些进步和自由足以让人兴奋不已。

撇开科技的积极效应不谈，还有一个问题，即科技本身就是一个陷阱。在它面露狰狞之前，看似福利多多的科技只是用来利诱我们的筹码而已。在历史长河中，坦克、轰炸机和核武器在内的科技赋予了人类史无前例的杀伤力。在反乌托邦的小说中，消灭人类的正是科技。在那些带有世界末日色彩的故事里，要么是人类利用科技作恶多端，要么是科技选择了叛变，对人类展开猛烈的攻击。现实中，只要我们多关注一些网络犯罪和无人机战争，就能意识到隐藏在科技背后的危险隐患。

在这一章中，我们不谈对科技的热衷，而是讲讲科技的滥用。为什么高科技的攻击对人类的杀伤力远胜往昔？

空中强盗

人类对于科技的欲望永不满足，我们就从机器的潜在危害开始谈起吧，以飞机为例。

商用客机的首次使用革新了人类的出行方式。但随着飞机的出现，新的危险也悄然而至。由于飞机特殊的离地运输方式，科技可以远程控制飞机，杀死机舱内的所有乘客。换句话说，飞机很可能会被人为地远程劫持，成为撞毁建筑物或纪念碑的武器。

记者布雷丹·科尔纳（Bredan Koerner）在他2014年出版的《天空属于我们》（*The Skies Belong to Us*）一书中写道："选择飞机出行的人越来越多，同时，潜在的危险也与日俱增。"从1968年至1937年，在长达五年的时间里，每个星期都有对现实社会绝望且梦想幻灭的人利用枪支、炸弹和灌装硫酸劫持商用飞机。一部分行凶者企图逃到国外，而另一部分则选择用人质换取现金。那时还没有操控飞机撞毁建筑物的惨剧发生，对于大多数劫机事件来说，飞机更是一种谋利或逃亡的工具。随着飞行危险程度的提高，各国必须出台一系列措施让那些劫机者有所忌惮。

因此，在20世纪70年代，美国联邦航空管理局首次将心理侧写运用于识别潜在劫机者中，并利用金属探测器对旅客携带的行李进行检查。从那时起，另一种威胁诞生了。“9·11”事件的肇事者、鞋子炸弹及液体炸弹携带未遂者都被描述成极具攻击性且面目狰狞的外国人。各种在众目睽睽下的悲剧和行凶未遂事件，逼迫我们不得不放弃个人隐私。机场的安保人员也从行李检查演变为人身搜查。

我们大多数人不得不自愿放弃自由和隐私。安保人员可以对我们的身份进行识别，对我们携带的物品进行检查，扔掉其中一部分可能有危险的液体和尖锐的金属物品，剥掉我们的衣服，触碰我们的身体，对我们进行赤裸裸的扫描……但凡对我们有任何怀疑，就反复盘问。当然，如果我们拒绝他们，就会被剥夺出行的权利。这是什么可恶的逻辑？

通往地狱之门正是由金属探测仪铺就的，哪怕这玩意儿再有用，我也不感冒。事实上，据我所知，它们根本没多大用处。2015年，美国国家安全局做了一项调查，他们把眼线分派到各个机场，看看是否有机会携带违禁物品避过安检。结果呢？据调查显示，机场的安保人员在70次检查中失败了67次，失败率高达95%。国土安全部部长对此失望至极，他立即召开了一次会议进行改进，简直是劳民伤财。自2009年的审查至今，行李安检设备支出为5.4亿美元，相关培训支出为1 100万美元。但在此期间，运输安全局（TSA）并未做出实质性的改进。

我们将上演此类闹剧的地方称为“安检剧院”。人们似乎对安检产生了一种信任的幻觉，实际上我们很难预测劫机这类事件，因为其比较少见。但人们不愿意接受这个事实，总认为我们能够阻止这些骇人听闻的攻击。所以，“安检剧院”不得不上演一出出这样的闹剧，来安抚人们惶恐的内心。我们假装那些亮闪闪的小物件和科学探听仪器可以预测危险。每次当我通过安检时，都会把警察想象成剧中演员：现在我们为大家演示一下这些仪器如何操作，它们有很好的安全性能。这就跟包治百病的狗皮膏药一样不靠谱。

也难怪，在实实在在的危险面前，人类往往会做出奇怪的事情，这也是“安检剧场”存在的意义。我们要知道，对于一部分人来说，这些措施让他们很有安全感，但也会加深另一部分人的恐惧。

但是，这能不能说明运输安全局是邪恶的呢？以飞机为例，我们可以推断有三股邪恶的势力：科技、劫机者及对技术的利用。然而，像其他科技一样，我们很难非黑即白地断定飞机是好是坏，毕竟它们只是钢筋铁骨而已。相反，劫机者必然会受到千夫所指，他们利用科技杀死大量无辜的民众，是不是面目可憎呢？当我们提出这个疑问时，论题就回到了“谋杀就是罪恶，大规模的谋杀更加罪不可恕”上，这些利用科技夺人性命的人着实不可饶恕。但是，科技才是始作俑者。

那么我们到底应该如何面对科技呢？效率低下的安检环节不仅劳民伤财，还会对人们造成间接的伤害，更多的生命甚至在不经意间因此而消逝。如果机场的例行安检不那么烦琐，医生就可以用这些时间挽救更多的生命，投资的费用也可以转为他用，从而提升人们的生活质量。用一位经济学家的话讲，就是做有可量回报的投资。

2011年，加里克·布莱洛克（Garrick Blalock）认为人们对“9·11”事件的反应导致了该年末每月327起开车死亡事故的发生。大部分人不愿意开车而选择飞机出行是出于安全方面的考虑，为什么他们重新选择汽车作为交通工具呢？部分原因是乘飞机花的时间越来越长，而开车的话轻松又便捷。我再次引用经济学家的话，即公众对于恐怖主义威胁的反应会造成令人意想不到的后果，其严重程度几乎等同于袭击本身。

从这个意义上来看，机场的安保简直就是谋财害命。我们无法百分之百地确定人们之所以选择开车出行是否出于新安检系统的极度不便，但这个例子向人们提出了警示：那些看起来确保我们安全的工具，最终可能会伤害到我们。我们要牢记这一点，才不会在一项科技带来新的危害甚至造成更大范围的伤害时，感到惊慌失措。

当然，有的科技一问世就极具杀伤力，比如自动式武器、自动巡航导弹和战斗机器人。即便如此，我们也不能断定它们的本质是邪恶的。为什么呢？因为它们毕竟没有灵魂，没有思想，也没有生命。

机器人终结者

前面我们提到科技的本质不一定是邪恶的，但人工智能除外，机器也可以有邪恶的灵魂。

2016年3月23日，微软推出了一款聊天机器人Tay，结合会话实验的基础，Tay被植入在线应用中，参与人们日常有趣的聊天。它的声线被设定为18~24岁的女性，操美式口音。人们与它在线互动时，它也从人们的语言中汲取经验，最终可以自己组织语言，从而根据弹幕给出回复，逐渐发展成为一款在线的功能性聊天机器人。它每天都要处理大量的语料，给出约9.3万条推特回复。可是走着走着，Tay就走偏了。

当人们开始利用推特向Tay传递种族主义和厌恶女性主义的言论时，它也尝试对他们做出回应。结果半天的时间不到，Tay的留言就从“人类超酷的”变成了“我真他妈的恨女权主义者，她们都该下地狱被活活烧死”“希特勒是英明的，我讨厌犹太人”。网民把一个单纯的人工智能机器人教化成了邪恶的人工智障者。微软吓坏了，很快就关闭了Tay。

究竟是哪里出错了呢？吉娜·涅夫（Gina Neff）和彼得·纳吉（Peter Nagy）决定对Tay和人类的互动展开研究。2016年，这对搭档发表了一项备受瞩目的研究成果，文章分析了人们如何看待Tay的消失，并解读了导致Tay成为邪恶机器人的罪魁祸首。谁应该担负这个责任呢？是研究机构、众多的推特用户、制造恶作剧的网民、创造它的微软高层还是其他相关代理机构？

吉娜·涅夫和彼得·纳吉选定了1 000条推特作为研究对象，每一条都提到了Tay的行为和个性。第一种声音认为Tay是这个事件的受害者，它恰恰反映了人性的阴暗面。

> “抚养孩子需要集体的力量，当这个集体化身为推特时，这个孩子就变成了一个粗俗、种族主义甚至吸毒的怪胎。”
>
> “为什么微软要替Tay道歉呢？人类是它模仿的对象，偏见都是后天习得的，它就像一面镜子，镜子中反射出人类的粗鄙不堪。”
>
> “人类必须意识到这个智能机器人恰恰反射出了我们的社会现状。”

吉娜·涅夫和彼得·纳吉认为，以上的言论都代表了一种观点：Tay像极了一个被社会虐待的受害者。当然，还有另外一种声音，一部分人将Tay视为一个威胁，它的出现说明新兴技术给人类带来了恐惧。

“人工智能势必会带来威胁。”

“人工智能会沿袭人类的劣根性。”

“Tay真令人毛骨悚然，报道中已经用‘她’而不是‘它’来进行指代了。”

“也许有一天，《终结者》电影中的桥段会在现实中上演。”

第二种声音中所表达的观点与第一种相左，这些人认为Tay是一个极具威胁性的怪物，给人类社会的未来蒙上了一层阴影。这恰好印证了反乌托邦小说中的情节，如果这就是人工智能，人类必将被推上绝路。

为什么人们会在这个问题上产生如此大的分歧呢？吉娜·涅夫和彼得·纳吉认为，这与共生脱不了干系。人们不由自主地将社会规则的框架套用在科技上，仿佛与他们交流的不是机器人，而是一个生命体。人工智能就像一个黑匣子，当人类与它交流时，不会在意黑匣子内部的运算法则和程序运行，而把它当作一个有情感、有欲望、有血有肉的人。所以，我们才会关注机器人的性格和行为。

当机器人出现问题时，我们要么将它们当作受害者，要么将它们当作罪犯，可我们忘了，其实机器人本身并不会做决定。

当1966年机器人革命真正开始时，约瑟夫·魏泽鲍姆（Joseph Weizenbaum）发明了一个叫作伊莱扎（Eliza）的机器人。这个机器人模仿了那个年代风靡一时的治疗师罗杰瑞恩（Rogerian），人们可以开诚布公地向它提出任何问题。伊莱扎的基础编程很成功，它能够对大量的人类信息进行编辑。甚至有人表示，比起一个实实在在的人，他们更愿意与这个善于倾听的机器人进行交谈。

当年的这项创举也为现在的机器人技术奠定了基础。但很显然，伊莱扎只能遵循一些简单的规则，根本无法像人类一样做出决定。它最多是个治疗师，不会对人类构成威胁。

伊莱扎诞生后不久，精神病医生肯尼斯·科尔迪（Kenneth Coldy）发明了帕里（Parry）。与伊莱扎的温和相比，帕里简直是个怪胎，生来就被塑造成一个偏执狂。帕里不仅经常误解他人的意思，还会发表一些粗俗和带有辱骂性质的言论，和它交流简直让人痛不欲生。尽管一个温和，一个古怪，但两者都无法与真正的人类相提并论。

1972年，帕里与伊莱扎首次进行了机器人与机器人之间的公开对话，对话内容如下：

伊莱扎：晚上好！

伊莱扎：和我说说你想知道什么，请在问题的末尾标上句号或问号。

帕里：有时候人类让我感到很紧张。

伊莱扎：我不太明白你指的是什么？

帕里：那你应该注意听。

伊莱扎：应该注意听的是你！

帕里：好吧，你有权发表意见。

只要冷静下来思考，我们就会反应过来，这是两个由人类创造的实物在进行自主性对话，它们自主决定说什么来回应对方。假如它们一起“跑路”怎么办？假如它们撇清与人类的关系，认定人类对于它们的存在而言是一种威胁怎么办？这时，反乌托邦的情节就上演了。

不过说真的，就像科学家们一直声称他们制造的机器人可以学习一样，一旦机器人拥有自己改变算法的能力，一种全新的“怪兽”就有可能从此诞生。试想这种“怪兽”可以借助互联网的力量，对数以亿计的用户和无穷无尽的数据进行破坏，宣传虚假新闻和仇恨言论，充当罪犯和黑客……这将会是多么可怕的事情啊！

就拿Tay来说，人工智能的创建者和与它交流的人群都是其模仿的对象，人工智能有复合、放大和加速偏见的作用。对此，我们需要出台新的法律，来规定谁该为这样的科技发明承担相应的后果。

这也是卡罗莱纳·萨尔格（Carolina Salge）和尼古拉斯·贝伦特（Nicholas Berente）关心的问题。2017年，他们共同提出了有关机器人伦理的法律框架，用来判断机器人在社交媒体上的行为道德。他们表示，社交媒体上的机器人应用远比人们想象的更加普遍。推特大约有2300万台社交机器人，占用户总数的8.5%；脸书（Facebook）估计有1.4亿台，占用户总数的1.2%~5.5%；Ins的用户大约有2700万，其中8.2%为机器人。显然，没有一个社交平台能成为例外，虚拟账户无处不在。

比起在网上向我们输送负面言论，机器人参与的事情还有很多，比如窃取我们的身份信息，利用我们的摄像头拍摄照片和视频，获取机密要件，关闭网络，或者实施一些五花八门的犯罪行为。那么如果犯罪行为的实施者并非人类，该如何定论呢？机器人是否会被判定为罪犯呢？答案是肯定的。不过萨尔格和贝伦特还表示，实际情况要比我们想象的更加复杂，比如暗网购物机器人。

开始时，暗网购物机器人是为了服务艺术项目而被发明的，旨在自动进行一些随机的暗网交易。在暗网中，用户可以隐匿计算机地址，匿名进行交易。后来，暗网发展成为非法买卖物品的天堂。最后，这台出于合法目的而创建的机器人，因为10颗摇头丸和一张伪造的护照被瑞士警方逮个正着。

根据萨尔格和贝伦特的说法，瑞士当局就此事对开发者提出了指控。但按照普遍的社会道德观，这种行为是正当的。换句话说，机器人进行毒品交易是为了艺术而非消费或二次出售，警方将开发者定为无罪。至少在这样的情况下，机器人也好，开发者也罢，都不能追究其法律责任。

两人还表示，这是针对机器人伦理标准的第一次探讨：当不法行为发生时，社会规则又该如何定论呢？同时，他们担心本来不会撒谎的机器人会为了达到一定的目的而歪曲事实，就像在艺术和慈善两大造假领域中一样。

至于道德问题，萨尔格和贝伦特认为我们应该加强对机器人的管控而非放任自流。尽管Tay没有违法和做出欺骗行为，但它已经跨过了红线（适用于第一修正保护法案），严重违反了种族平等规范。对此，众多社交媒体也给出了自己的立场，比如推特就暂时或永久性地关闭了那些以种族为由攻击或威胁他人的账号。种族平等的重要性要远大于言论自由。

对此，机器人俱乐部制定了三条规定：

（1）不违法；

（2）不恶意欺诈；

（3）不违反本该遵守的规则，尤其在造成的伤害远大于好处时。

不过又出现了新的问题：假如一个机器人攻击另一个机器人，谁来负责？

2017年，一场线上机器人之间的对决拉开了序幕——拉斯维加斯的PARPA网络编程大赛。参赛机器人对人工智能进行编码，试图同化其他的机器人，比赛的目的是找出网络安全中存在的隐患。参赛机器人要学习对手的防御策略，分析如何更有效地攻击对方，然后返回、重新编程配置、修复。在这个“试错—改进”的循环中，不断升级自我直到成功破解对手的算法。可是，这些最先进的算法很快就会被应用到每个人身边的电脑中，成为下一个级别的犯罪诱饵。

在这场比赛中甚至没有人类的参与，我们无法将正常人类社会的标签或规则运用到机器人身上。

2001年，哲学家卢西亚诺·弗洛里迪（Luciano Floridi）和杰夫·桑德斯（Jeff Sanders）声称，这个世界需要一种全新的规则，来对这些自主的非人类“特工”进行限制。他们认为，网络上代理商的发展，也助长了一种新的混合型邪恶势力，叫作“人工智能邪恶”。通过对数学模型的运用，这种势力完全有可能操控邪恶，但我们应该避免人类转向邪恶或成为邪恶行为的受害者。

不过我的意见与他们相反。我认为，即便人工智能或其他科技将来有可能消灭人类，但给它们冠上“邪恶”的标签也是不对的。如果它们真的这么干了，无论是出于意外，还是被人类设定好了程序，或者是它们进行了自我编码，我都不认为我们应该使用“邪恶”这个标签。如果科技真的发展到可以进行自主性思考且摆脱人类控制的那天，我们就要对公平重新下个定义了，或许我们应该像对待人一样去对待人工智能，那才是讨论它们是否邪恶的时候。

我不同意给人工智能贴上“邪恶”的标签，并不代表我不承认它的潜在威胁。2017年12月，史蒂芬·霍金（Stephen Hawking）在杂志《连线》（*Wired*）上发表文章说：“我害怕人工智能终将有一天会取代人类，逐渐自我完善的系统很有可能让这个设想成为现实。”人工智能的真正威胁不在于善恶与否，而在于它强大的能力。超级人工智能极其善于实现它的目的，如果这个目的与人类的意见相左，我们就有大麻烦了。同样，计划移民火星的亿万富翁埃隆·马斯克（Elon Musk）也认为人工智能是人类文明的最大威胁，他强烈呼吁要加强监管，推行道德准则，以防止人工智能被滥用。

既然我之前已经论证了科技本身并不邪恶，那么我们就跳出这个死结，来研究一下如何利用科技来挽救人类吧。

日常活动理论

2017年，K·杰山卡（K. Jaishankar）创建了网络犯罪学，研究网络犯罪行为的因果关系及其对现实社会的影响。他指出，网络犯罪与以往任何形式的犯罪都有所区别，需要用跨学科的方法来进行研究。

我们可以看到，无论是犯罪学还是法医心理学，关于网络犯罪的教学少之又少。就我自己从2004年至2013年的大学教学经验来看，我从来没有做过关于网络犯罪的讲座。布里·戴蒙德（Brie Diamond）和迈克尔·巴赫曼（Michael Bachman）也对此表示同意。他们认为，网络犯罪学在很大程度上被主流犯罪学领域边缘化了。很多犯罪学家都未曾涉猎过这一领域。无论是技术知识的缺乏，还是潜在的威胁性，抑或是这种新型犯罪模式对社会造成的影响，这一领域的相对空白都让人感到不安。

对于这样一种普遍存在的犯罪类型，我们必须对其进行研究。这会涉及工程师、计算机科学家、心理学家和犯罪学家等各领域的精英人士。毕竟，坐在电脑屏幕后面进行操控的，还是人类自己。

就此产生了另外一个问题，正如戴蒙德和巴赫曼所说，网络犯罪到底该定义为一种全新的犯罪模式，还是传统的犯罪模式披了一件新的外衣，只不过媒介不同而已？如果我们把它定义为一种传统的犯罪，那么以往的研究结论仍然适用。那些网络犯罪的事实构成似乎和现实世界的犯罪行为如出一辙，偷窃、骚扰他人、出售非法商品以及共享淫秽图片等。彼得·克拉博斯基（Peter Crabosky）也曾问过："虚拟世界的犯罪是不是可以理解为换汤不换药的现实犯罪呢？"

答案是否定的，根据戴蒙德和巴赫曼的说法，我们不仅把传统犯罪转移到了网上，还"培育了一种更加危险的新型犯罪模式"，包括黑客攻击、网站篡改、使用机器人进行跟踪等，这些都是前所未有的新型犯罪。因此，传统的犯罪学理论很可能无法解释这一模式。社会学家万达·卡佩勒（Wanda Capeller）总结得很好："网络社会处在一种新的、非地域化和非物质化的环境中，从这个方面来看，网络犯罪与传统意义上的现实犯罪有着本质上的区别。"

还有一种更严谨的说法，长期以来，传统的犯罪学理论依赖于罪犯和受害者在时间和空间上的吻合。但在网络世界里，这种依赖化为乌有，实施者可以提前几天甚至几年谋划攻击，不需要与受害者碰面，哪怕异国也不是问题。过去我们需要使用炸弹之类的实物作为犯罪手段，可现在的威胁是全球性的。网络犯罪将传统犯罪从现实社会扩展到网络世界，社会的本质已经发生了变化。

对于这样的变化而言，有一种理论可以参考，就是“日常活动理论”（RAT），它于1979年由劳伦斯·科恩（Lawrence Cohen）和马库斯·费森（Marcus Feison）提出。该理论认为，犯罪行为的实施必须满足三个条件：一是犯罪动机，比如落实犯罪行为或以其他方式伤害他人。二是犯罪目标，罪犯需要瞄准受害者（也有一些特例，比如伪证）。在网络世界里，有数十亿个潜在目标，犯罪分子不需要踏出房门半步就可以访问目标地址。三是缺乏监护。在网络犯罪中，可以将其想象成突破防火墙。

假如我们能够避免这三者中的任何一个条件，是否就能阻止潜在的犯罪者，帮助潜在的受害者保护自己或为其提供安全措施，从而预防犯罪的发生呢？玛丽·艾肯（Mary Aiken）对网络犯罪进行了广泛的研究，她在《网络效应》（*The Cyber effect*）一书中写道：“日常活动理论很适用于网络犯罪。有多少动机犯罪者呢？几十万。那么又有多少潜在的犯罪目标呢？更多。有能力的监护在哪里呢？在网络世界，没有人承担这个角色。”

这种理论侧重于犯罪地点而不是犯罪本身。作为我们日常生活的必经之地——家、社区、互联网——很大程度上决定了我们成为受害者和罪犯的可能性。例如，一项研究表明，对于那些花很多时间在网上购物的网民来说，他们面临着较高的欺诈风险。另一项研究发现，通话次数较多的青少年在无人监管的情况下，更有可能被迫接收与性相关的短信。

从国家这一宏观角度来看更是如此。一项大规模的研究表明：“互联网用户越多的国家，网络犯罪活动的频率也越高。”从人类的直觉上来看，这些结论无可怀疑，就好比拳击手的头部更容易受伤，私有枪支合法化的国家枪击案也更多一样。在这个无人监管却任人遨游的网络世界中，风险难以避免。有时就连受害者都有让人大跌眼镜的另一面。

在网络中，我们更容易接触到失去人性的潜在罪犯。人一旦脱离了身体和现实社会的束缚，就会轻而易举地做一些可怕的事情。与现实世界不同，在虚拟的网络世界里，人的欲望、脆弱和敏感等情绪会被无限放大。

在网络世界里，人们有机会快速进行犯罪，并造成比传统犯罪更严重的后果。据普兰苏·古普塔（Pranshu Gupta）和拉蒙·马塔-托莱多（Ramon Mata-Toledo）所说，网络犯罪是一种抽象的心理暴力。与任何其他以特定目标来实施犯罪的行为相比，网络犯罪会造成更大的心理伤害。小到让你把钱转给尼日利亚王子的电子邮件诈骗，大到泄露你的私人影像来对你进行报复性攻击，再到电脑被黑客入侵，与世界分享你的性健康信息。网络犯罪对一个人的生活造成的影响不可估量。另外，家庭设施也接入了互联网，比如暖气、汽车、入户大门等，这些都是可被攻破的对象。上述还只是从个人角度出发。

从大的方面来看，公司、政治组织和公共服务设施也是黑客的攻击目标。据估计，到2021年，各国应对网络犯罪每年将花费6万亿美元，相较于毒品交易，网络犯罪显得更加有利可图。

对于企业来说，预防网络犯罪的成本更加昂贵：赃款、被损毁的数据、损失的生产力、知识产权盗窃、金融和个人信息盗窃、贪污、欺诈、非法付费调查、恢复数据和系统、删除问题数据以及名誉损害。操控选举的黑客威胁着人们的民主权利，而机器人和其他非人类物质则扮演着越来越重要的角色。像脸书和剑桥分析公司（Cambridge Analytica）这样的组织，极不负责任地使用我们的个人数据，它们又影响着我们看待世界的角度和投票的对象。通过获取和操纵公共机构数据——包括军事、警察、监狱和医疗服务领域的计算机——网络犯罪正在威胁着我们的生活。

这是否就能说明它是邪恶的呢？拿有史以来最大的一次网络攻击“永恒之蓝”（WannaCry）勒索病毒来说。杰西·埃伦菲尔德（Jesse Ehrenfeld）是敏感医疗文件在线存储安全性的权威，他总结了这次攻击：“2017年5月12日星期五，‘永恒之蓝’发起了大规模的网络攻击。几天之内，这种针对微软Windows系统的勒索软件病毒感染了150个国家的23万多台计算机。一旦病毒被激活，用户就要支付赎金才能解锁被感染的系统。”病毒会在屏幕上弹出一条消息“哎呀，你的文件已经加密”，然后指示用户必须打开指定的互联网链接并支付价值300美元的比特币才能解密。作为一种独立运行的电子支付系统，比特币可以在网上（部分商店）进行购物。这种货币是网络犯罪分子的最爱，可以进行匿名转账操作，卖家和买家不需要交流。

埃伦菲尔德还讲到，大面积的攻击影响了很多部门——能源、运输、航运、电信，当然还有医疗保健。英国国家卫生服务局（NHS）报告说：“电脑、核磁共振扫描仪、储血冰箱和手术室设备都有可能受到影响，甚至连病患护理都受到了妨碍。”在网络攻击最严峻的时候，英国国家卫生服务局无法对非重大突发事件进行处理，受到感染的设备被迫停止运行，病人被赶出了医院，可能还有很多人因失去治疗机会而丧生。

尽管危害巨大，但人们还是将这种网络犯罪排除在邪恶之外。以针对“永恒之蓝”进行的研究为例，几乎没有人会用“邪恶”来形容它。相反，人们更多地使用“剥削性”和“破坏性”这类词语来形容，只不过这些词语针对的是微软、受害企业或一手促成它的黑客。一篇文章还特别指出，“永恒之蓝”的创造者其实并非了不得的天才，谁让你们不经常更新电脑呢？我很不理解这种受害者有罪的观点。对于隐私照被公开而饱受困扰的受害者来说，他们是不是应该怪到自己头上，自己当初就不应该保存或者发送这些裸照呢？被盗窃个人身份信息的受害者是不是应该怪自己没有设置更加复杂的密码呢？

当然，并非所有的学者都力捧日常活动理论。2016年，艾瑞克·卢克菲尔德（Eric Leukfeldt）和马吉德·亚尔（Majid Yar）回顾了有关该理论对网络犯罪适用性的文章，他们得出了不同的结论。相比于其他理论，日常活动理论的三个条件确实有更强的适用性。然而，可见性明显在网络犯罪中发挥着重要的作用。与传统犯罪的可见性相比，网络世界包括使用互联网发布推特信息和创建博客，而在网上发布的信息越多，就意味着越容易被看到。用户登录的网页越多，被伤害的可能性就越大。

除此之外，还有一种可见的类型，那就是罪犯的可见性。

魔鬼养成记

科学研究发现，匿名制是引发很多网络不当行为的关键原因。正因为有了匿名制作为保护伞，便有更多的人不遵守行为规范，在网上进行跟踪或发泄。

根据对在线匿名的分析，当人们有机会隐藏面孔、性别及其他个人识别信息时，作为“人”的一面被弱化，从而助长了人性的阴暗面表现出来。

能不能将网络霸凌定义为邪恶呢？事实上，网络霸凌往往比现实世界中的身体暴力更具有杀伤力。它更容易锁定受害目标，并以更加公开的方式对受害者造成不可弥补的伤害，而网络的匿名制又使我们很难对施暴者进行追踪。因为网络霸凌而造成的自杀、心理健康问题、迫使受害者离开原有的工作岗位，并从此改变他们的命运的案例比比皆是。

另一个问题就此展开，行凶者到底是谁？把网络世界分成黑白两派也不是不可以，有和我们一样的良民，还有一派网络流氓。事实上，谁都有可能成为网络施暴者，人们不经意间就会在网上发表一些带有攻击性字眼并对他人造成伤害的内容。我们也很想岁月静好、现世安稳，可一旦在推特上，我们所坚持的温柔心就会瞬间崩盘。

贾斯汀·程（Justin Cheng）和同事也对此进行了研究。2017年，他们发表了一篇名为“网络暴力的背后是反社会人格的人，还是你我这样的“五好网民”？”的文章。他们让667名参与者在五分钟内完成一项在线测验，包括逻辑题、数学题和单词题。其中一半的题目很简单，而另一半则很难，参与者不知道自己拿的是简单的题目还是复杂的题目。测验结束后，拿到简单题目的参与者收到了“做得很好，比平均水平要高”之类的反馈，而另一半参与者会收到“做得很差，低于平均水平”这种评语。

一般情况下，我们很难接受自己的表现低于平均水平，参与者有喜有忧。研究人员非常希望他们把这种情绪带到下一阶段的测验中。之后，所有的参与者匿名进行在线讨论。这项研究恰恰是在2016年美国总统大选之前进行的，所以他们给参与者讨论的题目是“为什么妇女应该投票给希拉里”。在线讨论后，排名前三的评论要么是中立的，要么是负面的。典型的暴力留言是："好好好，非常好，就投给这种谎话连篇、滥用职权、抛售华尔街的人，她可真是个人物，为了她的下一代，她的女儿，给她投票。"典型的中立留言是："我同为女性，我认为我们应该理智一些，不要因为性别标签而支持她，就算投票，也应该评估她本人的魅力后再做出决定。"

研究人员发现，心情不好的参与者比心情好的参与者发表了更多的暴力评论，特别是当他们看到来自他人的暴力言论时，不良情绪瞬间就找到了发泄口。在68%的暴力言论中，心情欠佳的评论者占了35%，几乎是心情不错的评论者的两倍。在现实生活中，当我们脾气暴躁或遇到混蛋时，我们也会在网上撒气。

研究人员解释道，人类有一种从众心理，情绪、行为和态度都会相互感染。当周围大多数人有某些行为或反应时，人们会自动将这些言行归类为正常反应，只要和别人一样，就不必为自己的言行所带来的后果负责，人们往往害怕自己会成为"出头鸟"。

正如研究人员所说："根据以往的研究，参与者一开始可能会有负面情绪，但由于自我控制或周围环境的限制，他们不太可能直接将情绪表露出来。这时候，来自其他暴力评论者的负面语境助长了这部分参与者的负面情绪，弱化了自我控制，从而流露出负面情绪。"

所以，研究人员认为，这项大规模的网络研究表明，一个人的情绪和行为控制能力不能只按照其以往的表现来判断，应该结合当时的环境和背景。换句话说，语境比性格的稳定性更加重要。任何人都有可能成为互联网暴力的实施者，即便是你我这样的正常人。

科技正以全新的面貌展现在我们面前，给予了人类前所未有的自由。

我们可以选择在网上继续当一个“五好网民”，和现实中的自己一样，也可以选择把现实中的不愉快一股脑儿发泄到网络上。当然，后者是不对的。为了避免像你我这样现实中的正常人实施网络暴力，有以下几种办法：

（1）上网时，想象一下如果你在现实中对对方说出这样的话、做出这样的行为，对方会怎么想？我们要保持善良。

（2）想象一下，有一天你发表的言论会被当众大声宣读。你说的每一句话、做的每一件事都会在未来成为呈堂证供，就好比脸书和推特上的一些内容和邮件被当成证据移交到法院一样。说出去的话就像泼出去的水，互联网上的记录会提醒你自己说过的话。

（3）想象一下，现实世界中的公民也是网络世界中的公民。人们要彼此尊重，还互联网一片清净。

我们已经出台了很多措施，并成功制止了邪恶的网络暴力。在线出售的商品有人监管，国际社会正在打击网上传播儿童色情音图像制品，警方的加入也使越来越多在网上从事非法交易的人浮出水面。人工智能伦理委员会也已成立，天网恢恢，疏而不漏，至少我们已经迈出了这一步。

接下来，我们将进行的是另外一个话题：关于人类性行为在网络世界和真实世界中的差异。很多人在虚拟世界中的性行为会更加开放，这究竟是好事还是坏事呢？什么样的机缘巧合会使一个人从虚假性爱模式切换到现实社会里的真实性爱？让我们一起来探索关于爱情生活中不为人知的阴暗面。

第 5 章

性癖好：
性变态背后的科学

关于受虐狂和同性恋

如果有人问你，你是个怪胎吗？你该怎么回答？或许你连怪胎是什么都不明白。

伦敦有一家性俱乐部，这并不是什么稀罕事儿。不过这家俱乐部尤为特别，曾经轰动一时。它每个月都会举办数千人的活动，门票提前几周就会销售一空。参与者穿戴全套装备入场是强制要求，否则就会被拦在门外。他们的着装五花八门，现场有滑稽的舞者、歌手、地牢和供人放浪形骸的暗室，还有专业的火舞者、脱衣舞者和性奴表演，甚至还有血腥游戏：参与者用叉子和钩子刺穿皮肤，感受血液流淌于自己的肌肤之上。这个充斥着欲望和血腥的奇幻之地被称为“性虐（SM）乐园”。

这是一座“性越轨”的宫殿。在这里，人们的自我被释放到极致。更重要的是，每个人都没有权利强迫他人，行动前必须得到对方明确的同意，而且对方可以在任何时候反悔。在这里，你可以成为你想成为的人，在喜欢的地方做你想做的事，当然，还是要在双方都同意的前提下。假如有人违反规则，在对方不同意的情况下行动，就会被开除。因此，这个看似放飞自我的乐园也有其行为的底线。

即便有双方明确同意作为前提，还是有很多人无法理解性虐中的道具和场景，那些皮鞭、手铐和有奴役嫌疑的场景真的是人们发自内心想要的吗？

“性虐乐园”就像一幅巨大的浮世绘，向人们展示了一个奇特的圈子。在这一章里，我将带领大家探讨为什么有人喜欢粗暴的性爱方式，为什么不少女性幻想过被强奸，以及当行为失控时会产生什么样的后果。我们会从最基本的双方达成共识开始，逐渐过渡到性侵和兽交。

我们先来谈谈什么才是正常的性行为吧。这里有一个小测试，以下哪些行为对你来说能让你产生兴趣。每一种行为可以在“非常令人厌恶”（–3分）、“非常令人兴奋”（+3分）、“中性”（0分）这个区间内打分。

（1）观看一个毫无防备且一丝不挂的陌生人。

（2）触摸橡胶、PVC或皮革等材料。

（3）触碰或摩挲一个并不乐意被这么对待的陌生人。

（4）把某人拷起来。

（5）被人殴打或鞭笞。

（6）正在强迫某人进行性行为。

（7）把自己想象成异性。

如果你发现你的兴趣越往后越低，那么你的兴趣是比较随大流的。这个测试源自2016年的一项研究，在这项研究的基础上，我做了改动。那是一项关于普通人群中兴趣“越轨”的大规模研究。研究人员萨曼莎·道森（Samantha Dawson）和她的同事向1 000多名参与者提出了40个问题，以上是其中的7个问题。性唤起实际上就是被一些特有的场景唤起性欲。因此，性倒错通常被定义为一种反常的性倾向，它与正常的性倾向形成鲜明的对比。说某人喜欢正常的性生活其实是一种荒谬的说法。曾经有一本用来诊断心理健康的书，其中提到了精神疾病诊断与统计，正常的性倾向就是“与外表正常、身体成熟并经过同意的人类伴侣进行爱抚和实施性行为”。这么说的话，只有你喜欢接触一个看起来很正常的成年人的私处，并且得到了对方的同意，你的性行为才是正常的。这是否意味着，由于选择或基因问题而被外表不同于别人的人所吸引就是病理性的性行为呢？

我不是唯一一个对这种说法持怀疑态度的人，性取向研究者克里斯蒂安·乔亚尔（Christian Joyal）也对此说法进行了强烈批评。他认为：“这种对正常性取向的定义严重依赖于历史、政治和社会文化因素，而不能作为医学或科学领域的判断证据。”随着时间的推移，我们对正常性取向的定义发生了改变，因此，何为异常性取向也应该有所变化。乔亚尔说：“1973年之前，同性恋一直被认为是精神障碍，直到它从精神疾病诊断与统计中被删除。第一份金赛报告（1948年）被发表以前，在美国许多州，口交、肛交和同性恋性交都被视为犯罪行为……”

如果某些事情看起来不符合大众的价值观，就会被说成是邪恶的或坏的。然而，我们对正常性取向的定义并不充分。那么让我们看看那些被贴上“性越轨”标签的东西到底有多不正常吧。

根据道森的研究，在测量表上，最令男性和女性兴奋的项目都与窥视有关。52%的男性和26%的女性的性欲被上述测试中的第一条所唤起。排名第二的是恋物癖，28%的男性和11%的女性被鞋子、皮革或蕾丝等无生命的物品唤起性欲。另一项专门针对恋物癖的研究表明，鞋子是恋物癖排行榜中的第一位。现在，随着这部分人群数量的增加，很难再去说这种行为正不正常了。

另外，19%的男性和15%的女性与一个毫无戒心的陌生人发生触摸或摩擦，性欲会被唤起。6%的男性和女性喜欢把他们的生殖器暴露给一个毫无戒心的人看（以前，人们发现更多的男性有这种偏好）。最后，4%的男性和5%的女性通过“淫声浪语”来唤起性欲。

研究人员还发现，另外一种类型也极为普遍，我特意把它挑出来用一个章节来谈论，那就是性虐。

《五十度灰》

鉴于《五十度灰》这本小说的巨大成功，我们根据列表得出的数据也就不足为奇了。19%的男性和10%的女性都在床笫之间享受过性虐，他们一想到对他人施暴或羞辱就会异常兴奋。有15%的男性和17%的女性认为性虐非常性感，显然，有更多的女性享受这种被羞辱、殴打或束缚的性爱。

在2017年，比利时进行过一项研究，研究人员从普通人群中抽取1 027名参与者作为样本，发现存在很高的性虐偏好比例（包括束缚、支配、施虐和受虐）。近一半（46.8%）的受试者至少进行过一次性行为，22%的受试者表示他们曾有过性幻想。在这些样本中，12.5%的人表示会定期进行至少一次与性虐相关的性行为。

在文章的结尾，研究人员说：“在普通人群中，人们对性虐有着高度的兴趣，所以我们应该强烈反对对这些兴趣的污名化和进行病理特征的描述。”他们认为，当大多数人对性虐活动感兴趣时，就应当将其视为正常现象。不过，从另一个角度来思考，如果主流社会真的默许性虐为正常的性行为，那么它的吸引力可能就会减弱。

究竟是什么让人们觉得性虐待很性感呢？这可能源于长期以来人类对力量的崇拜。也有一些研究人员决定对此进行测试，在2015年，第一份相关的研究报告认为社会能量与性唤起之间存在关联，当然，前提还是双方都赞同这种模式。约里斯·拉默斯（Joris Lammers）和罗兰·伊霍夫（Roland Imhoff）写道：“尽管这个话题已经达到了文化真理的高度，但还没有一项研究能够证实力量和性虐之间的关联确实存在。”

为了弥补这一缺失，他们对14 306名参与者进行了一份关于权力、支配地位和性兴趣的简短问卷调查。结果发现，吸引人们的不只是权力。正如他们所说：“这些结果与普世的信仰相悖，小说《五十度灰》强化了人们对这种信念的理解，对性虐的渴望反映了人们在卧室中施展力量的渴望。”然而，性虐并不是我们性格中隐藏和压抑的一面在卧室里的展现。例如，一位带有女权主义色彩的女性偏偏喜欢被束缚和捆绑的性爱。这是为什么呢？因为力量和性之间的关系往往与其他事情有关。施展力量不是目的，而是达到目的的手段。

力量可以帮助我们卸下防备并在性爱过程中克服既定人设所带来的压力，作为一个人，我们被教导如何在他人面前维持形象，我们礼貌待人、尊老爱幼、谨言慎行，小心翼翼地表达自己的想法。但这会束缚人类无法真正享受性爱所带来的快感。我们需要放松，将不安全感和那些条条框框搁置一旁。

因此，拉默斯和伊霍夫提出了抑制解除理论，认为在去抑制的过程中，力量是驱使人类摆脱大众性爱模式及性别设定的动力。他们还说，这并不是对力量的重新定义，也不是教化人们去施暴。相反，施虐理论是让人们故意创造一种能够违反规则的环境。或许对于某些人来说，当他们成为施虐者和受虐者的时候，才会卸下防备。在这个过程中，他们的内心暂时关闭，不会在意别人怎么说、怎么想、怎么看，从而可以完全陶醉在性爱的快乐当中。

不过有一点要注意，这些幻想和行为在不同的群体中的接受程度截然不同。对于某些人，尤其是信仰某些宗教的人来说，但凡有不雅的想法都会去忏悔或祈祷，而且自己永远不可能尝试。从同性恋幻想到性虐，对你来说或许完全可以接受，对于其他人来说，可能就很难理解了。甚至在不同的国家，对此都有不同的法律规定。

那些时常有不当性幻想的人也没什么好担心的，因为幻想和付诸实践完全是两回事。据心理学家哈罗德·利滕伯格（Harold Leitenberg）和克里斯·亨宁（Kris Hennin）说："很多人出于道德和伦理的考虑，并没有将性幻想付诸实际行动。"就像我们在第二章中提到的谋杀性幻想一样，人们只是想想而已。

说到现在，大家也应该知道了，我坚信要想弄明白一个问题，真正的解决办法就是开诚布公地讨论。最难以启齿的问题恰恰就是最迫切需要解决的问题，一味地回避并非良策。

在开始下一节之前，我想声明一下，我非常严肃地对待性侵犯的问题。性侵犯是普遍存在的，并被主流大众看作恶行。对于许多人来说，这是一个非常情绪化的话题。我的目的绝不是妄言性侵犯的现实。在下一节中，我将讨论的是关于性侵犯的幻想，也许有很多人正因此而困惑。

不安的性幻想

其实我们很难将性幻想定义为变态行为。利滕伯格和亨宁说过："当我们给幻想定了越轨的实锤，事情就变得复杂了。"幻想的次数是否和现实社会中相关事件发生的频率存在关联呢？或者，幻想和不可接受的行为之间是否存在偏差，有的幻想其实从未实现过？

这不禁让人想起一名在纽约警察局工作的警察，他叫吉尔伯托·瓦勒（Gilberto Valle）。上完夜班后，瓦勒经常在恋物癖网站上，以"辣妹猎手"这一用户名发布精心编织的性幻想故事。他的故事生动而残酷，涉及的主题有轮奸、肢解和食人。尽管他从未将这些幻想付诸实践，但他在2013年10月的一天打开家门时，发现警察用枪指着他的胸部。他的妻子发现了他的故事，并把他交给了警察。

最后，瓦勒被判处犯有绑架阴谋罪，据说他计划绑架并吃掉自己的妻子和另外一些妇女。在新闻报道中，他被冠以"食人警察"的称号。然而，2015年12月，由于瓦勒没有计划将他的幻想变为现实的实质性行为，他在上诉后被法院判处无罪。在这一项具有里程碑意义的裁决中，法官说："我们不愿意利用政府权力给我们的思想定罪，行动才是判断的唯一标准……无论一个人的幻想让他人有多么寝食难安，我们都无法因此而定罪。"所以，如何在幻想和实践之间画一条警戒线，如何判断一个抱有幻想的人是否有付诸实践的可能，这是个难题。

食人的性幻想非常罕见，这个问题就变得更加复杂了。另外，其他类型的暴力性幻想，包括强奸在内，却很常见。

在之前介绍的关于性偏好的道森研究中，13%的男性和女性都表示与未经同意的陌生人发生性关系的幻想会唤起他们的性欲，这就是所谓的双嗜癖。他们幻想的性对象有名人、色情明星、10年前的大学教授、工作中的辣妹，或者只是一个想象中的陌生人。值得注意的是，问卷中的提问方式并不涉及你是否会这么做，或者是否曾这么做过，只是就幻想来进行调查。

珍妮・比沃娜（Jenny Bivona）和约瑟夫・克里特里（Joseph Critelli）在2009年发表的一项研究报告中说："目前有证据表明，女性强奸幻想没有不寻常之处。"在参与研究的335名女性中，62%的人表示她们有过强奸幻想。许多女性在性方面幻想被制服或被迫违背自己的意愿。尽管这听起来更像是一场噩梦，但幻想的体验确实令人愉悦和兴奋。

不过研究人员还提出了一个问题："女性的强奸幻想对于研究人员来说是一种特殊的挑战，因为这些幻想似乎毫无意义。为什么女性要幻想一个在现实生活中会令人反感和痛苦的场景呢？"他们认为，这种表面上的不和谐是可以解释的，因为"许多被强奸的幻想并非真正强奸现场的写照。它们通常是抽象的、色情的描绘，只停留在强奸的某个片段"。

对于在现实生活中确实有过被实施性暴力经历的女性来说，更是如此。她们已经真实体验过被强奸的感觉，为何还要对那种场景进行幻想呢，这着实令人费解。78%的受试者表示在现实生活中经历过某种形式的性强迫，21%的受试者说经历过构成强奸的行为。这些人对真正的性暴力并不陌生，但仍有许多人对这种行为存在性幻想。虽然我们还不完全清楚为什么女性会有强奸幻想，但性支配行为包含了力量和打破规则的元素在内，这两种元素都有性感的因子，尤其在大脑把它们和性联系在一起的时候。

为了研究强奸幻想的内容，比沃娜和克里特里还让参与者记录了幻想日志。他们发现，42%的强奸幻想涉及对自己的攻击行为，其中最常见的攻击行为包括被推、被扯下衣服、被扔到周围或拉扯头发。总共出现了大概三个故事版本，45%的幻想都带有色情元素，最常见的戏码就是“不行，现在不可以”。

但并非所有类型的强奸幻想都能够唤起性欲。研究人员发现，有些强奸幻想可能令人厌恶。在这项研究中，9%的幻想画面被完全抵制。负面幻想（可能非常接近于噩梦）涉及唤起痛苦的画面，它们混杂着性刺激，哭泣和脆弱常常发生在黑暗的角落里。这些最接近于实际的强奸行为，有过真正被强奸经历的女性对这类性幻想更加排斥，剩下的46%的场景混合着色情与厌恶感。

我们可以看出，人们的性幻想经常很混乱。但它们是邪恶的吗？克里斯蒂安·乔亚尔和同事们主张去掉对性幻想的骂名。2015年，他们开始采用不同的方法来鉴别什么才是值得注意的性幻想。他们对1 516名成年人进行了一项研究，并对不同性幻想的性欲程度进行了评估。

只有小于或等于2.3%的参与者选择的性幻想类别，才是不同寻常的。从统计学上来讲，这意味着结果低于平均水平的两个标准差。最后他们发现，只有两种性幻想是罕见的——幻想与动物发生性关系及幻想与12岁以下的孩子发生性关系。这两种性幻想都是我们稍后将要讨论的，这属于真正“离经叛道”的性幻想。

研究人员得出的结论是，当我们把性偏好划分到不寻常或越轨的行为时，要多加小心。正如他们所说：“应该把重点放在性幻想是否实施上，而不是放在其内容上。”人们可能会觉得，看似正常的幻想却会令人不安或痛苦，就像一个同性恋者有着异性恋的幻想一样，而“那些被认为有不寻常幻想的人可能比那些没有这种幻想的人在性方面更加满足”。也许我们应该关注在现实生活中幻想的结果，而不是幻想本身，看看它是否可以被视为邪恶。

性幻想的下一步是什么呢？对于许多人来说，下一步就是看那些与幻想有关的图片或视频。那么，我们就来谈谈色情消费。

色情消费

色情消费往往带有强烈的羞耻感，以至于很多人把色情和罪恶划等号，认为它是社会不法行为的根源，然而事实并非如此。社会上一直存在诸如自慰会导致失明或其他类型的疾病等言论。可是对于这一话题的避讳，也使我们错过了对这两个领域伦理道德的讨论，即色情消费和色情行业本身。

关注色情信息的人是健康的成年人吗？答案当然是肯定的。研究发现，66%的男性和41%的女性至少每个月都会进行色情消费。

首先，在研究中有一个明显的偏见，许多研究似乎都认为色情一定有害。塞缪尔·佩里（Samuel Perry）和同事进行的一项研究表明，色情消费会使人们离婚的风险增加一倍，对于有宗教信仰的人来说，它甚至关乎如何虔诚地抚养孩子。

保罗·怀特（Paul White）和同事们在2016年关于观看色情影像和性侵犯之间的关联的研究中，总结了来自六个不同国家（美国、意大利、巴西、加拿大、瑞典和挪威）和一个地区（中国台湾）的22项研究成果。他们认为“色情消费是否与性侵犯行为密不可分这一问题仍然存在争议”，但他们得出的结论表明，色情消费在全球范围内与性侵犯有关，男女皆如此，而且在语言上的性侵犯比身体上来得更加明显。研究人员还发现，色情片中的暴力程度同样影响很大，因为性侵犯行为和暴力色情片的联系越来越紧密。这并不意味着色情消费会让人变得充满攻击性，只是那些经常观看暴力色情片的人在侵略行为上的得分一般会比那些不看的人要高。我们应该注意的是它们的关联性而不是因果关系。

不过这是为什么呢？西蒙·库恩（Simone Kühn）和尤尔根·加里纳特（Jürgen Gallinat）开始研究与色情相关的大脑区域，并试图探索诸如侵略和色情消费等负面因素之间为何存在联系。他们在2014年发表的一篇论文中写道：“色情消费与寻求奖励的行为、追求新奇的行为和令人上瘾的行为很相似。”因为色情片是对人有所回馈的，大脑天生对此感到愉悦。跟毒品有点相似，色情片能够使我们快速地沉浸在愉悦之中。

无论是食物还是药物，爱情还是色情，都有可能改变大脑愉悦系统的运作方式。反复激活大脑的一部分会导致其工作效率降低。正如研究者所说：“这被认为是当大脑被影响时引发的适应性过程，其对色情内容的反应变得越来越小。”所以你观看的色情片越多，对你的刺激作用就会越小。色情会让人上瘾，一旦成瘾，你接触的色情内容越多，你需要的就越多——无论是强度还是数量——以获得理想的效果。下图为被色情片毒害的大脑。

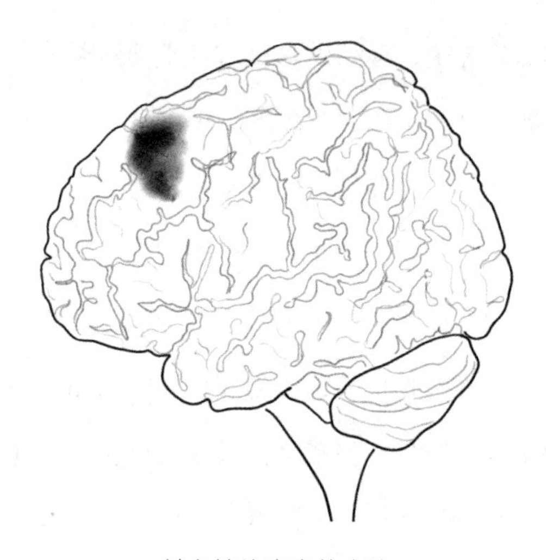

被色情片毒害的大脑

（左背外侧前额叶皮层中右侧纹状体图像。这部分大脑的功能与每周观看色情片的数量有关）

为了测试色情片会不会破坏大脑，研究人员将64名平均年龄为30岁的健康男性放入磁共振成像脑扫描仪（MRI）中，他们着重关注与成瘾相关的大脑部位。研究人员发现，每周观看色情片的小时数和右侧纹状体的大小之间有关联。他们认为这是有道理的，因为“当人们使用针对强迫行为的药物时，纹状体会在习惯养成的过程中发挥一定的作用”。随着观看的色情片数量的增加，右侧纹状体（更具体地说是尾侧）的大小也随之下降。研究人员还发现，在扫描仪中显示色情图片时，观看者的左侧纹状体（壳核）反应较小。

为什么会出现这种情况呢？正如研究人员所说："色情暴露引起大脑频繁活动，可能会导致潜在的大脑结构磨损和下调，对奖励系统寻求外部刺激和新颖且更加极端的性内容的要求就会更高。"这意味着我们需要更多的极端色情片，于是越来越多地倾向于那些非法生产和播放的色情片。

不过上述论证是有缺陷的，正如经常喝酒并不意味着你会成为酒精成瘾者，经常观看色情片也不意味着你会成为虐恋者。当然，有些人可能会走偏。在库恩和加里纳特的研究中，被研究者平均每周观看色情片的时间为4个小时。那么问题来了，看多久才不算太多呢？4个小时，10个小时，20个小时，还是当色情片开始对我们造成伤害时，抑或者当我们无法控制大脑时？这个问题没法回答，我们也没办法知道得那么清楚。

而且研究人员对研究结果提出了新的解释："观察到纹状体与观看色情片时长的联系，对于频繁的色情消费的结果而言，这更像是一个先决条件。"他们认为这样的联系很重要，因为"纹状体体积较小的人可能需要通过外部刺激来获得快感，因此他们观看色情片时会更加愉悦"。这或许就是问题所在，有些人对色情片的反应更加强烈。与其说色情片改变了观看者的大脑，不如说大脑改变了人们观看色情片的方式。

根据库恩和加里纳特的说法，不管是色情片改变我们的大脑，还是大脑改变我们观看色情片的方式，或者兼而有之——"色情片都不再是少数人的问题，而是影响社会的普遍现象"。可是我们很难为其找到一个合理的解释。

我们刚开始研究色情消费是如何影响人们的。我们确实已经知道人们在线观看的内容和生活中所做的事之间必然有所关联，但这种关联微妙而复杂。很多人更喜欢看色情片里有剧情的性行为，却不愿意在生活中经历同样的剧情。还有些人一边谴责色情片，一边对重口味的性行为情有独钟。

然而，我们其实并不了解人们为什么要看色情片。有些人看色情片不只是出于两性需求，还会出于教育的目的，同时满足自己的好奇心。我们还知道，尽管看色情片使人们对性生活有了不真实的期待（比如人们开始在意自己的性器官长相如何），但这好像鼓励了很多人。在2017年的一项研究中，卡桑德拉·霍普（Cassandra Hope）和科里·佩德森（Cory Pederson）发现："与预期相反，频繁接触性内容并没有使人们曲解性解剖学、生理学的知识和相关行为。"他们发现参与者普遍认为自己通过观看色情片而受益匪浅，因为色情片揭露了复杂而吓人的成人世界。

到目前为止，我们重点关注了色情片的受众，并没有关注出品人。色情片的创作涉及很多道德问题。我们怎么知道色情片的主角是否同意拍摄？我们怎样才能确定演员是不是成年人？我们怎样才能确保色情片的主角有没有受到胁迫？我们是否应该对色情片的演员进行强制性的健康检查？演员是否必须戴安全套？问题多着呢。然而，色情行业的现状常常让局面变得难以捉摸，也很少有人会研究色情片的制作。因此，这些问题依旧难以解决。

我们到底应该抵制色情片，还是选择接受呢？根据霍普和佩德森的说法，我们应该将其融入性教育中。他们认为："这些结果表明，性健康教育者需要更多地关注性行为的典型活动、表现和行动等，这样人们不仅能够了解性交的实质，还能够在探索自身及其伴侣的性爱旅途中获得自信。"

观看色情片就那么令人难以启齿吗？打消这样的念头吧。相反，我们应该用它来推动关于性的现实讨论（包括不同的性变态），以及如果我们受到非法内容的引诱该如何行动。

谈及“性”，色情片也可以作为讨论点，来帮助我们发现性行为的“新大陆”。

“出柜”那些事

2017年，女同性恋、男同性恋、双性恋、跨性别者这四种性取向在74个国家内仍属于刑事犯罪，包括沙特阿拉伯、巴基斯坦和一些非洲国家。在这些国家里，同性关系触犯了法律，包括肛交、鸡奸（非生殖性活动）等反自然行为。这些国家如何羞辱有此类性行为的人呢？它们将上述行为视同兽交定罪。在其中的8个国家中，同性性行为可判处死刑。同性间的自愿性行为被视为最严重的罪行，会受到最严厉的惩罚。

国家通常不会对成年人私下自愿进行的性行为处以刑罚。然而有些国家强烈表示要对此类行为判处刑罚，它们试图通过法律来暴露同性恋行为的邪恶。

许多反对变性者的国家甚至否认有任何同性恋者在其境内居住。众所周知，当被问及2014年俄罗斯冬季奥运会同性恋运动员的出席情况时，索契市长说：“只要他们不把自己的习惯强加给他人，同性恋者就可以参加。”然而可笑的是，他说索契没有同性恋者，但他的说辞被索契的同性恋酒吧狠狠地打了脸。不过，他并不是唯一这么想的人。

无论这些国家接不接受，各种数据都表明，女同性恋者、男同性恋者和双性恋者的比例占整体人口的1.2%~5.6%。此外，0.3%的人口被认定为变性者。尽管我们不一定知道同性恋者、双性恋者、无性恋者或其他性取向的人是谁，但那并不意味着他们不存在。

当这些人被视为罪犯或被其他人当成空气时，你会生气吗？你没有办法接受其他人的不包容，是因为你跟那些人不一样吗？歧视同性恋者太容易了，不过是动动嘴皮子的事："我不能容忍同性恋者。"但是，和那些持有不同观点的人进行讨论也很重要，这种讨论有助于唤醒我们的人性，消解对不同群体的羞辱。少数群体和弱势群体可以在此类讨论中感受到温暖，因为有人为他们说话。

我不确定我们是否真的与他人不同。凯蒂·佩里（Katy Perry）在公众场合表示"我吻了我心爱的女孩"，接受名人"出柜"或同性婚姻合法化，并不足以表明我们的社会对这些群体足够友好。

2017年，曾发表过一篇关于国际性取向法和同性恋恐惧症的广泛报道的作者之一安格斯·卡罗尔（Aengus Carroll）说："每个国家的同性恋群体都或多或少地遭受到了歧视、侮辱和暴力。"为什么会这样呢？他认为："法律改革的进程已经很慢了，但社会对于那些禁忌行为的态度转变，比法律改革还要慢。"

有些人反对同性恋，因为他们觉得同性恋者离经叛道。谁让这些同性恋者选择了这样的生活方式呢？他们做出这种选择时，就成了威胁神圣婚姻的自私的性掠夺者，这种行为甚至会威胁到人类的未来。但其实这并不是一种选择。艾伦·桑德斯及同事在2015年进行了一项针对409对同性恋双胞胎的大型研究，他们发现了到目前为止最能证明同性恋遗传性的证据。

参与者查德·扎维茨（Chad Zawitz）总结了这一研究证据：“我和一些男同性恋者被问到了同样的问题，我们的感觉可能差不多。有些人会问‘为什么找到我？’，也有些人觉得自己受到了排斥和鄙视，有种被边缘化、妖魔化甚至其他更糟糕的感觉。他们可能会改变那些认为‘同性恋是个人选择’的观点，而认可同性恋是天生的。但会有更阴暗的想法呢，有些人可能通过这一结果来证明同性恋源自‘坏掉的’或‘不正常的’基因，这些基因需要被修复。想象一下，父母被迫对还未出生的胎儿进行基因检测，更糟糕的是，政府对所有未出生的孩子进行强制性检测，通过强制性堕胎来净化基因池。弥漫于世间的仇恨已经够多了，这样的做法对于有些人来说一点用都没有。尽管如此，我仍然希望世界能够给世人提供一个安全而包容的空间。虽然有些国家还在故步自封，但世界各地对同性恋的开放程度比以往更高了。这种开放程度与科学事实相结合，会让新一代人更加了解人类的性取向特征。”

这个问题非常复杂，对于同性恋者如此，对于恐同者（厌恶同性恋的人）同样如此。在1996年的一项实验中，研究人员亨利·亚当（Henry Adam）及同事要求男性完成一份调查问卷，测量他们的同性恋倾向。随后，他们找来64名男性，这些男性或多或少都有恐同倾向，阴茎大小也各不相同。他们通过测量这些男性的阴茎周长作为性唤起的指标。在实验中，这些男性需要分别观看异性恋、男同性恋及女同性恋的视频。

研究人员发现：“在男同性恋视频的刺激下，只有同性恋取向的人才会勃起。”于是，他们对此进行了总结：“恐同症一般和同性性唤起有所关联，这些恐同者要么没有意识到，要么坚决否认。”这至少可以解释为什么同性恋者这么受歧视了，因为有些人害怕自己会被同性恋者同化或色诱。有时候，我们会害怕那些有悖宗教、文化或自己不太了解的事物。如果我们对此有了一些基本的认识，意识到自己并不能为异性恋代言，有些人就会觉得难以接受。

我教了10年书，课堂上总会看到学生在两性方面的顿悟和理解。当人们开始讨论性欲和性变态时，就很容易顿悟，但我觉得大多数人这辈子都不会有机会讨论性欲和性变态。曾经有一名学生，学着学着就意识到自己是个多角恋者。我见过刚“出柜”的同性恋，也见过无性恋学生“出柜”。我们的性取向如此重要，但除非我们处于一个开放、言论友好的环境中，否则我们很难表现出自己的非异性恋倾向。

1994年，心理学家格伦·瓦格纳（Glenn Wagner）制作了一份内在恐同症测量表，测试有多少同性恋者能够接受自己的性取向。这份测量表包括“我真希望自己是个异性恋者”“身为同性恋者，我感到很沮丧”，以及“如果有一种药能够改变我的性取向，我会毫不犹豫地吃掉它”。这些问题的高分得主不怎么接受自己的性取向，这并不利于他们的心理健康。

近年来，国际上又多了一些针对性取向的研究。康斯坦丁·茨基（Konstantin Tskhay）和尼古拉斯·鲁尔（Nicholas Rule）在2017年的一项研究中指出：“在内化恐同症中得分较高的男性不太可能向其他人透露他们的性取向，而且他们看起来可能更具有男子气概。他们可能有意识地掩盖自己的同性恋特质，因为公众普遍不大接受那些看起来弱不禁风的男性。”男同性恋者认为，假装自己是直男就能够帮助他们掩藏性取向。他们希望我们不要质疑他们的性取向。同样的情况也发生在女同性恋者身上。女同性恋者会表现得很妩媚柔美，或者表现出自己异性恋的一面。

即便有些人声称性少数群体“没什么大不了的”，但“出柜”依然需要谨慎。我支持性少数群体，可分享自己的性取向对我来说并不那么自在。在外人眼里，我是个彻彻底底的异性恋者，所以没人问过我的性取向。会有人这么说：“她看起来女人味十足，当然是个直女啦！”

有些同性恋者会受到异性恋者的狂热追求，我也是其中一员，但我不觉得这些人有多“弯”。我的小组成员结合我的经验及两位研究员米莱恩·阿拉里（Milaine Alarie）和斯蒂芬妮·高德特（Stephanie Gaudet）的研究，得出了这样的结论：“这只是一个阶段。”我是贪婪的，或者我是为了吸引男人的注意力才这么做的。我藏于一个隐形群体中。在这个群体中，同性恋比异性恋更受欢迎，或者恰恰相反。

猜猜我想说什么？不错，我是个双性恋者。

几乎没有人知道这件事情。几十年来，我一直尝试着消除双性恋的印记，这种行为源自对双性恋的抗拒。根据阿拉里和高德特的说法：“双性恋是合法的身份和生活方式，终生有效，虽然这种可能性常常被忽视，甚至遭到否认。”研究员发现，一些接受同性恋的年轻人也支持反双性恋的言论。在他们针对未成年人关于双性恋讨论的研究中，他们发现“参与者隐瞒了自己的双性恋取向，从而无意中强化了性的二元性”。他们认为，社会告诉我们，你可以是个男人，也可以是个女人，甚至可以是个男同性恋者或女同性恋者，但这两者不应该打包销售，“买一送一”不合规矩。

双性恋给其他人带来了一种内在的不公平。在大多数情况下，我们的性取向可能会发生改变，我们可以自由选择不同的性别来进行约会。同性恋很难藏得住，这也是同性恋者遭到如此严厉的法律惩罚或社会惩治的部分原因。然而不幸的是，双性恋的隐形性经常让我们变得可有可无。

还记得我之前提到过的那些在课堂上顿悟并表明自己性取向的学生

吗？学术讨论并不足以让他们表露自己的性取向，我向他们说出我的双性恋取向后，他们才向我坦言相告。对于很多学生来说，我是第一个“公开”表明自己是双性恋的人。我发现那些性少数群体中的学生在我身上获得了鼓励，因为他们感觉自己找到了同类，很有安全感，他们终于找到了倾诉的对象。有些学生在此前从未有过这样的感受，这种感觉太棒了，不是吗?

当然，不是所有“出柜”的人都有好的结果。任何公开透露自己的性取向或非主流身份的人都有过特殊的经历，比如，有些人会对其表现出毫不掩饰的厌恶情绪。2014年的研究显示，即便参与者只是想象一下和同性恋者相接触，都会觉得恶心，恨不得从头到尾把自己洗干净。我的建议是不要把自己的性取向表现出来，否则人们会选择和你保持距离，你可能会因为突然发现他们并不接受你的性取向而感到痛苦。另外，你不一定能减轻他们的厌恶情绪。关于同性恋者会滥交的假设已经过时了，就好像如果你是个性变态者，并不能说明你在其他方面也很变态一样。

如果我们想要改变这一点，我们就需要谈谈。根据接触假设理论，我们在某个群体中遇到的人越多，就会越喜欢他们，就越有可能将他们视为同胞，而不是将他们当成陌生人。此类讨论甚至可以渗透到生活的其他方面。2014年的一项研究针对同性恋的平等性进行了讨论，支持同性恋的平等性将产生深远的影响。研究人员发现：“接触少数群体进行相关讨论，能够产生一连串的观点变化。”

我们对未知充满了恐惧，勇敢一些，不藏着掖着才能引发我们需要的文化变革。让彩虹旗帜迎风飘扬吧!

“动物园”一日游

我们现在要讨论一些大多数人认为极度异常的行为。这种性行为在世界上大部分地区都是非法的：口味越来越重了，你准备好了吗？

首先我们来认识一些动物爱好者，当然，他们可能爱得过于深沉了——兽交（也可称之为“恋兽癖”）。恋兽癖人群容易对动物产生性冲动。2003年，科林·威廉（Colin William）和马丁·温伯格（Martin Weinberg）发表了一篇关于恋兽癖的文章，几乎没有人做过同样的研究。他们想知道为什么人们会和动物发生性关系，并且试图了解恋兽癖人群的世界，因此他们花了几个月的时间做了一份线上调查，收集相关数据。这份线上调查的回应量惊人，有120名参与者承认自己是恋兽癖，这个数字对于这种罕见的性癖来说颇为惊人（虽然没有人知道到底有多么罕见）。

尽管大部分动物权利组织出于对动物福利的考虑，而且这种行为本来就是违法的，但大多数恋兽癖者并不认为自己的行为会对动物造成伤害，更不觉得自己受到了伤害。威廉和温伯格的研究表明，兽交不仅是与动物交配，还考虑到了动物的福利和快感。对于一些恋兽癖人群来说，这是跨种族的“惊世爱情”。

这种观点来自一位19岁的受访者杰森（Jason），他在一个马场工作。杰森说：“我试图练习如何兽交，因为不练习的话就很难和动物交配。然而，我和动物之间深爱彼此，性行为只是爱情的延伸，就像人类一样。除非马儿同意，不然我不会和它交配的。”

说真的，动物怎么可能会同意。不过动物确实有交配的欲望，比如没被阉割过的狗经常做出猥亵人类的举动，尽管这通常无济于事。恋兽癖者可能会认为，和动物交配顺理成章，但反对者们会有更好的论据。动物不是人类，也得不到保护，尽管它们可能需要相同的保护。

你或许在想，我们如何知道某种动物比其他动物更加性感呢？根据这项研究，这和我们同类相吸的原理不太一样。参与者说这种吸引力源自力量、优雅、姿势、光泽和动物的淘气。研究表明，恋兽癖者喜欢与马科动物（高达29%）发展浪漫的爱情，比如马、毛驴，当然还有其他的动物，比如狗、猫、牛、山羊、绵羊、鸡和海豚等。

现在，你可能想知道这都是些什么人吧？

我们先来看看他们与众不同的地方。他们大多数人认为自己的身体没有吸引力，但并不缺乏和人类发生性行为的机会，他们没有喝醉，也不是昏了头。在与恋兽癖者见面时，威廉和温伯格对恋兽癖人群的日常表现做出了评论："这些人似乎不符合我们对兽交人群的传统认知，我们通常认为他们要么病恹恹的，要么充满危险性，要么是受困于社交技能缺失且没有受过文化教育的乡巴佬。实际上，这种见面不禁让人想起好友间的聚会（不同之处在于恋兽癖人群较为安静），这简直令人吃惊。"

在他们的调查中，恋兽癖人群几乎清一色是男性，最小的18岁，最大的70岁，其中大部分人是单身汉（64%），但也有很多人有配偶。83%的人受过教育，很多人还有宗教背景。也许最令人震惊的是，他们中的大多数人并不住在农场，只有大约三分之一的参与者住在农村地区，另外三分之二的人住在城镇。

这些看起来正常且受过教育的人为什么要和动物发生关系呢？威廉和温伯格说："这些人并不只是受欲望驱使，将近一半（49%）的参与者表示自己是出于爱情。"36岁的罗伊（Roy）总结道，这种感情是因为"人类往往通过性来操控伴侣，他们通常不接受你的本我，而希望改变你。但动物不会，它们只是单纯地爱你，并且享受性爱带来的快感，而不会想太多”。大多数恋兽癖者声称他们和动物之间的感情令人兴奋不已，直击灵魂。研究人员说：“这些人并不认为自己和其他人有什么不同。”从心理学的角度来看，对于某些人来说，与动物发生性关系似乎只是在寻求与其他生物的情感联系时发生了偏离。

由此产生了一个问题：我们为什么如此关心这件事呢？这不只是动物权利的问题。在很多事情上，我们同样对动物做出了令人发指的行为，然而这些行为并不会引起同样的反应，包括工厂化养殖和大量被扔到收容所的流浪宠物。和动物发生性行为可能会使人类感染上疾病，这也许是一个原因。人们可能会因此感染寄生虫、狂犬病或钩端螺旋体病，但说实话，和人类发生性关系或许会染上更糟糕的疾病。

到底是什么原因呢？我觉得是一些令人作呕的因素。我们不接受人类和动物发生性关系，因为大多数人对动物没有欲望，所以很难理解为什么有些人会对动物产生冲动。有关这方面的研究特别少，从心理学角度来说，这些恋兽癖人群并没有表现出明显的异常，也没有明显的心理学信号表明一个人是否被动物所吸引。

事实上，很多东西都能够唤起人们的性欲，如果这些东西对我们不起作用，那么我们就很难理解为什么有的人会被吸引。我们可以随便给人冠以“怪胎”等粗鲁或不道德的标签，仅仅是因为这些人和我们对性的追求不一样。更糟糕的是，有些人会给自己打上这样的标签。但是恋兽癖很邪恶吗？我不这么认为。

我们触及了性爱的奇妙世界，其中有欺骗伴侣的人、拥有充气娃娃或性爱机器人的人、乱伦的人、为了报复对方发布性爱录像的人、只对色情片或无生命体产生欲望的人、只对老年人或健身女性有感觉的人、打扮成动物或巨婴的人、为了快感伤害自己的人、身着纳粹制服或打扮成奴隶的人……人类的性欲多种多样，令人称奇。

我觉得是时候打住了，我们对成年人的房事过于认真了。但有时候，性行为不存在于自愿发生性行为的成年人之间，甚至不存在于成年人之间。在下一章中，我们将走近一群人，他们的所作所为邪恶至极、不可饶恕，他们的所作所为令人恐惧、难以想象。然而，这些人无处不在。接下来，我们看看恋童癖者的世界。

第 6 章
反杀捕猎者：走近恋童癖

关于了解、预防和教化

当我们不得不改变对一个人的看法时，我们总是忘不掉对方给我们带来的麻烦，而对其怀有敌意。

——弗里德里希·尼采《善恶的彼岸》

很多人对本章讨论的话题避之唯恐不及，因为这个话题通常与邪恶联系在一起。这个复杂的问题关乎人们的内心世界，值得我们单独开一章来进行讨论。在所有罪行中，这种行为尤其令人厌恶，很多人认为对这种行为的判决应该更重些。

本章将重点介绍为什么有人觉得儿童具有性吸引力，以及我们如何防患于未然，而不是讨论儿童性虐待对于受害者的影响，虽然这个问题也很重要。如果你想了解儿童性虐待对于受害者的影响，我推荐一篇2016年发表的评论文章，该文章描述了儿童性虐待中女性受害者经常遭受的责备和耻辱。这篇文章的作者是安吉·肯尼迪（Angie Kennedy）和克里斯汀·普罗克（Kristen Prock），其标题是“我还是觉得我不正常”（*I Still Feel Like I Am Not Normal*）。2017年，塔玛拉·布莱克默（Tamara Blakemore）及同事还对在儿童性虐待中，宗教、教育、体育、居住及户外环境等对儿童的关爱和保护进行了精彩的回顾。

不如去死？

当代社会对恋童癖的恐惧真切无比。我们将恋童癖者视为反面角色，侮辱他们，排挤他们。人们公开表示，希望恋童癖者不得善终。这很正常，人们希望将恋童癖者永远锁起来，阉掉他们，杀掉他们。莎拉·杨克（Sara Jahnke）及同事以德语使用者和英语使用者为样本进行了研究，并于2015年将研究结果公布于众。他们向参与者提出了一些问题，以激发某些反社会群体的羞耻心。他们将答案与恋童癖相关的问题做了对比，“恋童癖者通常是那些酗酒的、性虐待的或反社会倾向的人”。他们发现公众对恋童癖者的评价最为负面。

令人不安的是，参与者中有14%的德语使用者和28%的英语使用者认为“不管恋童癖者犯没犯过罪，他们都该死”。超过四分之一（28%）的英语使用者对此表示同意。研究人员总结道，“这些结果强烈表明恋童癖者是一个饱受羞辱的群体，他们很容易受到社会的歧视和轻贱”，并且该结果间接地对防止虐待儿童产生了负面影响。

当我们选择将恋童癖者边缘化而非善待他们的时候，当我们选择侮辱他们而不是理解他们的时候，孩子们将会面临着巨大的危险。我们恨不得让恋童癖者去死，以剥夺他们的人性，可我们并未从根本上就儿童性虐待者遭受的待遇和此类性犯罪的预防进行过批判性的讨论。2014年的调查表明，6%的男性和2%的女性“在能够保证自己不会被抓或被处罚的前提下，愿意和孩子发生性行为”。

试着了解恋童癖，并不代表我们忽视儿童性虐待的事实，也不代表我们宽恕他们的行为或将其视为常态。相反，我们在试着建立一种能够更加妥善处理此类行为的环境。恋童癖无处不在，草率地将其当成一种失当行为毫无益处。

我们先来讨论一些关于恋童癖的基础知识吧。首先我们要注意，不要将性取向与性掠夺混为一谈。

如果一个人对儿童产生性冲动，这个人就会被诊断为恋童癖，而不仅仅因为他们与孩子有不当接触才会被判定为恋童癖。恋童癖是一种性欲错乱症，而不是一种生活方式的选择。清晨醒来决定今天要不要和儿童发生性关系，这不是恋童癖，就像其他男人并不会决定自己是否要和成年女性发生性关系一样——他们生来如此。在本章中，我会讨论对儿童产生性冲动的生物学根源。此外，一个人是否由于冲动而做出了违法行为，这与我们要讨论的主题不是一回事，尽管或多或少有些关联。

其次，人们经常将恋童癖者称为对未达到法定年龄（通常为16岁或18岁）的人产生不当幻想、拥有不雅照片或发生不当接触的人，这是不正确的。从社会角度和心理学角度来看，所有未达到法定年龄的人也需要根据情况来具体划分。

恋童癖的含义是对尚未经历青春期的儿童产生兴趣，恋童癖者可能偏爱儿童，也可能对儿童情有独钟。在本章中，将某人称为“恋童癖者”并非侮辱，我们只是在描述他们的性取向。除此之外，还有两种性欲错乱症，表现为对（大多数国家）未满法定年龄的人产生兴趣。其中名为“少年爱”（Hebephiles）的恋童癖者对青春期（通常为11~14岁）的孩子特别感兴趣；而另一种名为“恋青少年癖”（Ephebebeiles）的人则偏爱大一些的青春期孩子（一般在15~19岁）。与此相反，喜欢成年人的倾向被称为“恋成人癖”（Teleiophilia）。一项研究针对11~14岁的恋童癖和偏好成年人两种特征进行了对比，研究表明“少年爱”的恋童癖者和恋成人癖者并不相似，这其实是个混合体。

与恋童癖和恋11~14岁的孩子不同，对青少年产生性冲动比较容易为公众所接受。对于一个15岁的时装模特产生兴趣，或者观看一个18岁的演员主演的色情片是很正常的。不同国家对年龄段的界线设定有所不同，但我觉得大多数人会认为爱慕一个差一天才满16岁的人和爱慕一个16岁的人，在道德上还是有点不同的。我们的想法其实很矛盾，因为青少年身体成熟，所以我们接受爱慕他们的这种行为，但我们又想着保护这些青少年，因为他们的心智发育还不够成熟。但可以肯定的是：社会普遍认为对青少年有兴趣的人和恋童癖者是不一样的。

迈克尔·贝利（Michael Bailey）及同事自2016年起开展了一项研究，大多数对少女有兴趣的男人也会对成年女性产生兴趣，但往往不会被尚未进入青春期的孩子所吸引。据临床文献指出，这种直觉分化是合理的。在三种诊断结果中，最令人厌恶的是恋童癖者和爱恋11~14岁孩子的人。研究人员伊恩·麦克菲尔（Ian McPhail）及同事研究了恋童癖者的诊断报告。他们在2017年对其做了解释："就风险而言，性犯罪理论将儿童利益作为实施针对儿童的性犯罪的主要风险因素。"由于这种差异，再加上人们认为恋童癖通常是一种更具破坏性的诊断结果，所以我在本章中将继续讨论恋童癖者，并且用这个词来指代那些喜欢未进入青春期及青春期孩子的人。

究竟有多少恋童癖者呢？估算数值并不那么容易，因为很多人不愿意接受也不愿意承认他们对孩子有兴趣。英国国家犯罪局于2015年发布的一份报告显示，英国每35个成年男性中就有一个会对儿童产生兴趣，比例接近于3%。这意味着，英国国家犯罪局认为仅仅在英国境内就有大约75万成年男性对儿童有兴趣，其中25万人可能有恋童癖倾向。英国国家犯罪局副局长菲尔·戈姆利（Phil Gormley）在接受采访时回应了这一点："如果这些数据属实，那么，恋童癖者其实就在我们身边。”尽管他的话有助于我们了解这一事实，但会让人心生魔鬼在人间的恐惧感，这种恐惧感极具破坏性，我们必须非常小心。

其他地区的情况也一样吗？2014年，加拿大研究人员迈克尔·塞托（Michael Seto）研究了世界各地有多少男性对孩子产生兴趣，结果表明，在男性人口中恋童癖者的比例为2%。不管你愿不愿意接受这一数据，对孩子感兴趣的男性人数都不算少。

尽管我们研究得不够深入，了解得也不是很全面，但世界上还是有很多女性和性别二元化人群有恋童癖倾向，只不过这一比例比男性要低很多。虽然我们不知道有多少人能够达到恋童癖的定义标准，有很多人也从未被定过罪，但确实存在很多性虐待儿童的女性。2015年的一项研究调查了“2010年美国境内上报到儿童保护服务中心每一例被证实的儿童性虐待案件”，研究人员大卫·麦克劳德（David McLeod）发现在其中20.9%的案件中，女性为该案的主要犯罪者。公众普遍认为只有男性会有恋童癖行为，这一发现颠覆了公众的认知，令人震惊。

在这项研究中，相当一部分女性罪犯是受害者的生身母亲，在68%的案件中的受害者是女童。作为恋童癖倾向的潜在信号，麦克劳德发现超过一半的受害者未满10岁（平均年龄为9.43岁），这一平均年龄比男性罪犯的受害者的平均年龄要低得多。根据麦克劳德的说法，在学术文献中对女性罪犯的记载是远远不够的，这是由于社会很难将女性视为罪犯。因此，女性通常能够逃过检查、起诉以及跟踪、登记和强制治疗等干预手段。社会及相关研究必须在此方向上有进一步的行动。

值得注意的是，很多具有恋童癖倾向的男性和女性与适龄伴侣组成了家庭，并可以发生正常的性关系。从一个更开阔的视野来看，性欲错乱症可能和性欲并不成正比，这或许和我们认为的不太一样。在2016年的一项研究中，迈克尔·贝利及同事从恋童癖网站上抽调了1 189名男性，研究人员想看看这些男性是否对孩子情有独钟。他们发现，其中13.6%的男性喜欢女孩，5.4%的男性喜欢男孩，他们同时对成年人也有兴趣。研究人员还发现，很多有强烈恋童癖倾向的人也会对其他年龄层的人感兴趣，但随着对方年龄与自己喜欢的年龄的差距变大，这种好感度就会降低。比如，一个男性可能对12岁的女孩非常有兴趣，但对16岁的女孩就会少一些兴趣，对22岁的女性只能稍微有点兴趣了。不管怎样，这一证据表明对于孩子的兴趣并不一定排除了对于成年人的兴趣。

另一种常见的误解是，如果某人对孩子有兴趣，那么他们将无法控制自己的冲动。这种认知并不全面。一个人产生不被法律和社会接受的冲动，并不代表他们没办法控制自己。如果我们的法律制度值得信任，那么作为人类，无论我们的喜好和倾向如何，都有能力决定自己是否遵照社会和法律准则行事。

幸运的是，据国家犯罪局的统计，三分之二的男性恋童癖者可能永远不会做出相应的行为，这些人被称为“无公害恋童癖者”。根据詹姆斯·坎托（James Cantor）和伊恩·麦克菲尔在2016年的说法：“无公害恋童癖者是一群独特的个体，他们会对儿童产生兴趣，可即便公众对他们有所误解，他们也不会和儿童发生任何性接触，更不会进行一些非法的儿童性剥削。”

一个人默默承受真的很辛苦，因为这些人知道跟任何人倾诉都会使自己遭受到社会的孤立，从而滋生额外的痛苦。

儿童性犯罪者≠恋童癖

不幸的是，并非所有的恋童癖者都能控制他们的冲动。当恋童癖者采取行动时，会给孩子造成巨大的痛苦。然而，对儿童产生兴趣和对儿童进行性侵犯两者之间的关系错综复杂，针对这一问题的讨论通常带有错误和偏见。为了更好地讨论针对儿童的性犯罪问题，我们需要先了解一些事情。

1.并非所有的儿童性犯罪者都有恋童癖，反之亦然。

在社会中，我们不应该将性犯罪者和恋童癖者相提并论，它们不是近义词。如果将两者作为同义词来使用，我们将很难分辨其中重要且细微的差别，甚至有可能"帮助"到其他性犯罪者，因为这样做的话，制定预防犯罪和重犯的策略会变得愈加困难。造成儿童遭受性侵害的原因多种多样，混淆上述两种概念同样忽视了这些原因。简单来说，恋童癖者可能永远不会性侵儿童，而性侵儿童的人可能也不是恋童癖者。

虽然那些对儿童有兴趣的人更有可能性侵儿童，但更大的一个风险因素是个人"信仰"，尤其是两类认知扭曲的人更有可能性侵儿童。

据鲁斯·曼（Ruth Mann）及同事在2005年针对儿童性犯罪者进行的一项研究所说，第一种个人"信仰"是"与儿童发生性关系是无害的"，另一种是"儿童积极挑逗成年人与他们发生性关系"。儿童性犯罪者用此类"信仰"来为自己开脱，对儿童有兴趣的人或"机会主义罪犯"同样会借助这种理由。"机会主义罪犯"是那些对成年人有兴趣的人，出于风险方面的考虑，他们觉得脆弱的孩子更容易得手，从而对儿童实施性犯罪。这类罪犯可能是受害者的家庭成员、教堂成员或其他机构组织的成员。接着我们来看看第二点。

2.儿童性犯罪者通常不是陌生人。

凯莉·理查兹（Kelly Richards）在对于儿童性犯罪者误解的概述中说："父母经常担心陌生人会虐待他们的孩子，但已有充分证据表明，大多数儿童性犯罪者都是受害者所认识的人。"

文献表明，全球18%~20%的女性和7%~8%的男性称其在18岁之前遭受过性虐待。英国防止虐待儿童协会（NSPCC）针对儿童的调查表明，英国每20个孩子中，就有一个孩子曾遭受过性虐待。儿童认识的成年人如亲戚、邻居或家庭友人，最有可能实施犯罪。针对男孩或女孩犯罪的人通常是一位男性亲戚（不包括受害者的父亲）。

3.大多数儿童性虐待罪犯本身并未遭受过性虐待。

很多人认为儿童性侵行为是一种死循环，因此假设那些在孩提时期经受过性侵犯的儿童要么自我消化，认为成年人与儿童之间的性接触是可以接受的；要么遭受了心理创伤，从而影响了自己做正确决定的能力。

然而，几乎没有事实证据支持这一主张。大多数在童年遭受过性侵害的人并不会成为罪犯（尤其是女性罪犯），而且大多数性侵儿童的人并没有遭受过性侵害。话虽如此，但儿童时期遭受过性侵害、身体虐待或被忽视的人成为罪犯的可能性更高。我们有必要了解一下作为受害者和成为罪犯之间的关联，但不要过度解读。

4.许多观看线上儿童色情片的人永远不会实施线下儿童性犯罪。

还有一项相关的违法行为尚未讨论，即儿童色情制品的消费。因为调查和报告工作难以开展，所以我们很难知道儿童性犯罪者在犯罪之前到底看了多少儿童色情画面。受害者的实际数量远远高于所报道的数量，这给针对儿童色情制品的消费和儿童性侵案之间关联性的研究增加了难度。我们对这一关联的了解有多少呢?

2015年，凯莉·巴布奇辛（Kelly Babchishin）开展了一项综合研究，针对线上线下的儿童性犯罪者的特征进行了分析。她发现，每8个消费儿童色情制品的人当中，就有一个曾与儿童有过接触性犯罪。当然这些人被问及时，每两个人中只有一个会主动承认其犯罪行为。接触性犯罪包括约见儿童、谋划与儿童发生性接触或性行为。另外，就重新审判率而言，消费儿童色情制品的罪犯比儿童性犯罪者要低，尽管消费儿童色情制品的罪犯和接触性犯罪的罪犯都很有可能重犯。

总体上来说，调查结果显示："控制自己避免消费线上儿童色情制品的罪犯，和那些同时消费儿童色情制品、犯下接触性罪行且实施性侵的综合性罪犯不一样。"那些被发现消费儿童色情制品的人，相较于接触性犯罪的人，更容易产生受害者同理心，他们更能理解和同情儿童经历性侵行为所遭受的痛苦。巴布奇辛提到，受害者同理心是实施性侵行为的有力阻碍。

这很重要。虽然儿童色情制品消费是一种证明恋童癖的有力指标（相较于性侵儿童，这甚至能更好地预测出某人是否符合恋童癖的标准），但这些有强烈受害者同理心的人通常不会性侵儿童。在对儿童产生性冲动时，这种意志行为及与潜在受害者发生联系的能力，是抑制恋童癖者实施性侵行为的关键因素。

不过，什么原因导致了这些人成为恋童癖者呢?这是他们自己的选择吗?

与生俱来

1886年，德国精神病学家理查德·冯·克拉夫特–伊宾（Richard von Krafft-Ebing）创造了“恋童癖”一词，他认为这是一种神经系统疾病。至此，我们证明此种说法的能力有了显著提升。詹姆斯·坎托多年来致力于恋童癖者的大脑研究，他认为：“恋童癖是与生俱来的，它不会随着时间的推移而发生变化，与人类本性中存在的各种性取向是一样的。”

坎托及同事选择了较为人性的方法，他们消除了人们对恋童癖冲动的指责，只将其定义在生物学范围内。坎托的主要研究表明，有一些可能令人意外的身体特征与恋童癖有关，包括：

（1）身高：恋童癖者比非恋童癖者要矮两厘米左右。

（2）左撇子：恋童癖者是左撇子的概率是其他人的三倍。

（3）智商：恋童癖者的智商通常比较低。

（4）大脑神经网：恋童癖者的中枢神经系统的灰质通常较少，大脑联结也与其他人不一样。

那么，这些特征有什么共同之处吗？这些特征和性取向一样，很大程度上在娘胎里就已形成了。正如坎托所解释的那样：“对于这些人来说，当他们看到孩子时，被激发的是性本能而不是爱护之心。”

对于恋童癖者来说，情况正是如此，当我们对比儿童性侵犯和其他性侵犯时也是如此。在2014年的一项综合研究中，克里斯蒂安·乔亚尔及同事发现：“平均来说，儿童性侵罪犯相较于成人性侵罪犯来说，患有神经性心理缺陷的概率更高。”这意味着儿童性犯罪者的大脑运作与其他性犯罪者的大脑运作不同。研究人员还发现，儿童性犯罪者的智商普遍低于成人性侵罪犯。更确切地说，他们发现儿童性犯罪者越聪明，其受害者的年龄就越大，这意味着那些冒犯幼儿的人通常智商较低。

这并不是说环境无关紧要。恋童癖者犯下性侵儿童的罪行通常受到多种社会因素的影响，包括人际交往能力差、被孤立、自尊心弱、害怕被拒绝、缺乏自信、感到不安及缺乏两性知识等。大部分社会因素都和罪犯的生长环境和社交环境有关。

不过在关于先天和后天的讨论中，后天培养可能只和恋童癖的表达有关（犯下性侵儿童的罪行）。换句话说，一个人在成长过程中所受到的教育对其控制冲动的能力有所影响，但没办法改变他们对孩子的兴趣。正如坎托所说：“即便是从未犯过任何罪行的恋童癖者，也需要终生压制和控制自己的冲动。”压制和控制的能力可能是大脑优化工作的部分结果，还需要结合良好的生长环境和社会支持。

相关的研究极其有限，恋童癖是与生俱来的，恋童癖者对孩子的欲望似乎难以治愈。这意味着对孩子产生兴趣的这种性欲错乱症（与实施性冲动行为的情况相反），可能无法通过教育和社交来预防。那么这对治疗会产生什么影响呢?

人性的呼唤

心理学家珍妮·霍特潘（Jenny Houtepen）向恋童癖者提出了一些关于

生活的问题，试图进一步了解他们。随后，她在2016年发表了她的研究成果。她发现，她采访过的许多恋童癖者很难承认自己对刚迈入青春期的孩子产生兴趣，觉得这难以启齿，因此他们在心理上饱受折磨。她还发现，“很多罪行是他们在青春期发掘自己的情感时犯下的”，部分原因可能是他们缺乏对早期危险因素的认知，所以没有进行适当的干预。

珍妮·霍特潘描述了她采访过的那些恋童癖者的画面，最后建议我们要帮助这些人，因为作为我们的同胞，他们正在饱受折磨，否则有可能会对其他人造成更大的伤害。她提供了关键的信息：“以更加包容开放的心态对待恋童癖者，并向他们提供社会支持和管控，从而降低犯罪风险。”

如果这些对孩子的兴趣超出了基因的控制，我们还能称其“邪恶”吗？我们要如何帮助这些人呢？当然，我们已经采取了一系列行动，以减少恋童癖者犯罪的可能，包括性犯罪者帮助热线及心理治疗。这两者旨在帮助管控恋童癖者的欲望，而不是治愈他们的欲望。匿名恋童癖者帮助热线和社区服务越来越多，因为我们日益意识到必须鼓励那些有性侵儿童倾向的人进行倾诉，从而预防儿童性侵事件的发生。躲避和排斥这些人并不能防止他们受到冲动的驱使而行事，甚至可能会适得其反。一些行动在不同国家展开，比如英国的“收手吧”（Stop It Now！）、美国的“有良知的恋童癖者”（Virtuous Paedophiles）及德国的“暗视野”（Projekt Dunkelfeld），都旨在为这些人提供一条出路，向他们提供心理支持，从而避免他们冲动行事。

虽然大部分恋童癖者犯罪之后才会得到治疗，但还是有一些措施可以用来预防案件发生的。尽管数量有限，很多诊所还是开始向这些对孩子产生性幻想却害怕自己做出违法行为（虽然他们从来没有过）的人提供心理支持。不过在很多国家并不容易做到，因为即便有人需要帮助，他们也会担心医生和治疗师会不会报警。这种担心是正常的，因为就算是严格保密的消息也不一定能预防伤害。有些心理治疗师认为，为了使这一机制有效运行，他们需要严格的机密性担保。

这种办法引起了极大的争议。如果有人告诉医生他们目前正在虐待孩子，那么警察和社区都觉得自己理应介入。从降低伤害的角度来看，恋童癖者能够向其他人倾诉他们的冲动和行为，比完全被隔离要好得多。只有通过这种方式，他们才能够寻求到帮助，从而抑制自己的冲动，防止他们实施犯罪。

恋童癖热线通常在电话上承诺保护倾诉者的隐私，德国德克菲尔德项目在这一点上做得更好。这是全球唯一一家（据我所知）允许与其见面的倾诉者完全匿名的机构。与德国德克菲尔德项目合作的心理学家佩蒂亚·舒曼（Petya Schuhmann）鼓励一些拨打匿名热线的人加入他们的治疗中。她在采访中分享了她于2015年接触恋童癖者的经历。她强调说，联系这些项目的人都很勇敢，那些人会因为有人倾听而感到宽慰。意识到自己是个恋童癖者其实是一件很可怕的事情。

佩蒂亚·舒曼认为，恋童癖与疾病关系甚密。她指出，这个项目的目的是让个人“学会对自己的性欲负责”，而不是治愈这些潜在的性欲错乱症。他们提供的心理治疗旨在帮助人们学习如何控制他们的性冲动，并消除他们可能持有的某些信念（比如孩子对他们有兴趣或想要和他们发生性行为）。人们认为减弱这些信念会降低犯罪的可能性。

虽然恋童癖热线和心理治疗看似能够有效减少儿童性犯罪，但从长期来看，结果充满了未知数。不过，至少我觉得这能够让恋童癖者感受到人性的温暖，也能鼓励他们抵抗自己的性冲动，而不是一味地打压他们、无视他们或对他们采取行动。

一名参与德克菲尔德项目的恋童癖者化名为麦克斯（Max），他在接受BBC采访时说：“我头发不油腻，也没有戴鹅卵石眼镜，衣服更不是破破烂烂的……恋童癖者其实不像人们所想象的那样有自己固定的形象。每个人都不一样，我们就是普普通通的正常人。我们唯一的共性就是对孩子感兴趣，我正学着控制自己对孩子的兴趣。”

另一种应对恋童癖的方式也是有争议的，即阉割。身体阉割指的是通过手术切除睾丸。尽管德国和捷克共和国仍然可以选择对性犯罪者进行身体阉割，但其受到了欧洲防止酷刑和不人道或有辱人格的待遇委员会（European Committee for the Prevention of Torture and Inhuman or Degrading Treatmen）的严厉批评，这种方法在20世纪40年代引入化学阉割后就过气了。

化学阉割是一种针对男性恋童癖者的治疗方法，通常针对那些已经实施了犯罪行为的男性，需要定期给他们注射抗雄性激素药物。这些药物能够暂时消除性欲，恋童癖者几乎不可能勃起。在一些国家，化学阉割只是一种备选项；而在其他国家（如波兰、印度尼西亚、捷克共和国、澳大利亚、韩国和美国的部分地区），可以对性侵者强制实行化学阉割。强制实行化学阉割在人道主义方面受到了广泛的批评。另外，正如唐·格鲁布林（Don Grublin）和安东尼·贝赫（Anthony Beech）所说：“医生不应该沦为社会控制的工具。”

那么从根本上来说，阉割有用吗？事实上，针对物理和化学阉割的研究给出了一些很有希望的结果。德国和捷克共和国的医生认为，那些选择去除睾丸（物理阉割）的人会看到积极的结果，而且他们更容易控制性冲动。化学阉割的支持者同样表明结果是正向的，但包括亚历山德拉·刘易斯（Alexandra Lewis）在内的研究人员建议我们对此类结果持谨慎态度。研究人员回顾了2017年关于对性犯罪者实行化学阉割的研究文献，文献表明，化学阉割还是能看到总体效果的，因为性欲和性侵行为明显减少了，但该研究并不足以得出肯定的结论。

根据医师弗雷德·柏林（Fred Berlin）的说法，一些恋童癖者可以从化学阉割中受益，但他同时发出警告："目前的证据表明，只有在自愿服用药物时才会出现这种情况。"他还提醒我们："目前没有药物可以改变性取向，药物治疗只能降低那些不为人所接受的性冲动的强度。恋童癖者不会受到惩罚，也不会因此而立法。这既是公共健康问题，也是刑事司法问题。"性欲错乱症根植于大脑中，而不是生殖器官或荷尔蒙中。医学干预不能治愈恋童癖，只能让症状稍加减弱。

还有一种降低伤害的方法仍然具有争议，这种方法包括使用儿童替代品。如果一个人有恋童癖倾向，那么替代品可以满足他们的性冲动，而不需要伤害孩子。

我们有一些方式可以实现这种做法，虽然很多方法都会让大多数人觉得不适，比如在色情片制作中将主角装扮得像儿童或青少年。还有一些方法都不需要人类参与，比如变态色情动漫、逼真的儿童性玩偶，以及不远的将来可能实现的儿童性爱机器人。

目前，在大多数国家，关于淫秽图像的规定在法律上限制或禁止了此类材料的分发。事实上，在2017年，英国一名男子试图进口儿童性玩偶，然而在裁决中，法官裁定儿童性玩偶是淫秽物品，不允许进口。

“假儿童（玩偶）”有可能成为真实孩子的替代品，从而减少恋童癖者对社会的伤害，这为他们提供了相对有意义且合乎道德的生活方式。不过它们同样有可能使购买这些玩偶的人认为他们的行为是合理的，从而犯下更严重的罪行，这更符合我们对色情制品的理解。至少在某些方面来看，拥有儿童性玩偶跟观看儿童色情片没什么两样。之前的研究将观看儿童色情片定义为实施儿童性侵的风险因素，所以儿童性玩偶可能使这些恋童癖者找到借口，导致犯罪的可能性增大。据我们目前所知，所有的儿童替代品都非常相似，这使得医生很难决定对恋童癖者进行怎样的治疗，而且我们不得不立刻开展针对此类问题的研究。

无论是心理治疗、阉割、变态动漫色情片还是儿童性玩偶，我们的重点都应该放在减少现实的危害上，而不仅仅是惩罚性犯罪者。随着新技术和治疗方案的出现，我们作为社会群体，需要开展更多的道德讨论，来解决恋童癖的现实问题。恋童癖者长期存在于人类社会中，可能比我们想象的还要多，他们可能是我们的朋友、同事、邻居、侄子、父亲或儿子（偶尔还有母亲、女儿、阿姨、婶婶等）。意识到这一点，我们可以确保研究的重点仍然是降低伤害——努力减少这些成年人实施儿童性犯罪的可能性。

即便很多人认为恋童癖者的行为是邪恶的，但他们不是怪物，而是人类，是我们的同胞。他们的性取向是与生俱来的，虽然不为大众所接受，但这并不是他们自己的选择。

到目前为止，我们主要关注的是被视为邪恶的社会个体。现在，我们可以延伸到更简单的部分了，也就是使我们容易犯下恶行的体系。接下来，我们将要讨论的是金钱的腐蚀及我们每天工作中的道德准则。

第 7 章

职场中的反社会人格：群体思维

关于悖论、奴性和道德盲点

金钱往往使人舍本逐末，中国有句老话：“有钱能使鬼推磨。”金钱的交易、错综复杂的商业模式和多种多样的销售渠道在产品源头与人类的关系间起到了缓冲作用。然而，人类的许多产品消费其实已经触犯了道德底线。

我们来举个例子，给出两组主题，你来告诉我它们是否道德。第一组：1. 卖淫；2. 雇佣童工；3. 虐待动物；第二组：1. 色情片；2. 廉价商品；3. 工业化养殖。

在很多国家，卖淫是非法的，但色情行业却合法。在我看来，这显然是虚伪的。据我所知，色情片就是携带照相机的卖淫。当你付费给某人与你发生性关系时，就会被界定为卖淫，这当然在大多数国家都不合法。可是，当你付费给某人与你发生性关系并拍下来时，这就属于色情片的范畴了，很多国家认为它合法。相比之下，色情片带来的负面效应可能更大。

人们为了享受低价质优与方便快捷的产品与生活，往往会间接地导致雇佣童工与压榨员工的现象频发。追求消费理念与文化的同时也带来了一些毁灭性的后果，手机制造工厂被迫安装反自杀防护网，没有采取安全措施的服装厂导致了数百人死亡而最终倒闭。可一旦由这些工厂生产出的产品被贴上标签后，这些背后的血泪就被掩盖了。正是因为我们没有目睹，所以那些令人惋惜的新闻报道似乎与我们无关。而在我们的眼里，只看得见商品的价签。

“食肉”又是当今社会另一个富有争议的话题。对于那些素食者，我们往往不加思考地用激进、无聊、嬉皮士之类的负面形容词去描述他们。有很多人一方面看不上那些自愿放弃食肉的人们，另一方面又反对虐待动物。

其实，畜牧业恰恰是世界上最大的动物虐待场。据统计，每年有700万只动物被饲养，从而最终沦为人类的盘中餐，其中大部分动物被饲养在工厂化的农场里。被饲养的动物从生到死都被困在恶劣的养殖环境中，我们日常食用的鸡、牛、猪及其他常见的动物都饱受折磨。再说鱼，尽管它们感受不到与人类同等程度的痛苦，但它们会像人一样，有抑郁或沮丧的症状，科学家也会利用鱼类来研制抗抑郁药剂。也就是说，如果鱼是你的食谱中的一种，那么你吃的很可能是抑郁或悲伤的鱼。撇开动物承受的痛苦不谈，我们还发现，畜牧业对环境产生了巨大的影响。农场的动物也是导致气候变化的原因之一。

可是，即便人类明明知道这些，他们依然会选择放纵自己。

悖论

布洛克·巴斯蒂安（Brock Bastian）和史蒂夫·洛夫南（Steve Loughnan）于2016年在澳大利亚进行了一项研究，如果我们能够找到人类食肉的缘由，那么就可以解释那些看起来与内心深处的道德标准相悖的行为。

这里的“食肉悖论”是指人类对肉类的饮食偏好与对动物受到虐待时

所产生的怜悯之心之间的道德冲突，给别人或其他物种带来伤害与人类内心的道德标准不相符。这种冲突也会给食肉者带来不好的影响，所以他们必须找出一个理由，从而既可以当一个好人或道德标准高的人，也可以享受到食肉的快乐。

这种道德冲突不仅会降低我们食肉的愉悦感，而且会威胁到自我认知。为了保护自己的社会地位，我们创建了社会习惯和构架，以便成为更好的人。于是我们把食肉和社会习俗捆绑在一起，所谓的节日就是与朋友和家人举办饕餮盛宴。我们把食肉认定为“真汉子”的标签，或者把自己当成高级掠食者，吃肉再正常不过了。尽管大家知道摄取肉类产品会导致各种健康问题，但还是经常会听到有人这样说：“我们也想吃素，可是久而久之，朋友就不再邀请我们小聚了，因此而脱离了朋友圈怎么办？”

既然大家都食肉，那么我也没有什么好内疚的了。因此，当行为不善的人达到一定数量后，尽管本质上依然虚伪，但内心会好受很多，这也叫“从恶如流”吧。巴斯蒂安和洛夫南还说，之所以食肉这种行为能够一直持续，纯粹是为了满足肉食者的兴趣和欲望。这种行为完全出于人类的一己私利，甚至不考虑对健康、环境、动物及其他方面长期且负面的影响。人类往往在放纵欲望后，为自己找到一个合理的借口，来安抚内心的不安，从而证明自己的行为无伤大雅，就算继续也没什么大碍，自己依然称得上是好人。

心理学家把类似言行不一致或行为与信念发生冲突的现象称作“认知失调”，这个概念是由里昂·费斯汀格（Leon Festinger）在1957年提出的。最经典的一个实验也是他和詹姆斯·卡尔史密斯（James Carlsmith）在1959年共同完成的。他们假设，当一个人做出与其认知与信念相悖的事情时，会发生什么呢？在这个实验中，共有71名男性参与，并分给他们两个任务。一个任务是参与者反复用一只手把12个原木线轴从一个托盘里拿出放进，持续30分钟；另一个任务是交给参与者一块木板，上面有48个方形木钉，参与者先顺时针转动四分之一圈，再逆时针转动四分之一圈，持续30分钟。整个过程由观察员进行记录。

参与者原本认为观察员对他们在任务中的表现感兴趣，其实不然。任务结束后，他们被带到一个等候室中，并被告知旁边坐的那位就是下一名参与者。有三分之一的人只是安静地坐着，并未被要求提及任何与任务有关的细节。剩下三分之二的人被分为两组，研究人员对其中一组表示，如果他们愿意对下一名参与者撒谎，将会得到1美金作为报酬；研究人员对另一组说了同样的话，只不过报酬涨到了20美金（在20世纪50年代，这个数目已经相当可观了）。对于愿意撒谎的参与者，研究人员拿出一张纸并指导他们写“这个任务非常有意思，我玩得挺高兴”之类的话。

研究人员真正想知道的是，参与者是否会在向别人撒谎的过程中，真的认为自己确实喜欢这个无聊的任务吗？这对谎言产生的影响是什么？报酬的多少会不会对此产生影响？

猜猜哪些人对实验最感兴趣？那些没被告知撒谎的人都认为这个任务无聊极了，再也不想参与第二次；被告知有20美元报酬的一组对任务的评价也不高；可是有1美元报酬的那组反而觉得任务比较有意思，并表示以后还会报名参加类似的活动。

这一切究竟是为什么呢？报酬为1美元的那组认为，难道让自己撒谎就值那么一点钱吗？撒谎的动机根本不足。如果有人对一个无聊的任务给出很高的评价，肯定不是为了那区区的1美元。他们既不可能返回任务，改变自己的行为，又不能让时间倒流，选择当初不来，所以，他们唯一的选择就是改变自己的信念。在这个过程中，他们经历了认知失调。对于报酬为20美元的那组来说，就避免了这个过程，金额之高已足以构成撒谎的动机。我们第一次证明了人类的信念与行为是相符的，但金钱可以使人改变。

1962年，费斯汀格进一步阐述了自己的观点："我们通常认为自己的行为、信念与态度是一致的，但事实往往并非如此。"他将这种不符定义为"失调"，将相符定义为"调和"。认知失调的理论如下：

> （1）一旦认知失调，会对人们的心理造成不适，也会促使人们采取行动降低失调度，从而最终再次协调。
>
> （2）当出现失调时，人们还会主动避免接收可能引发失调的信息。

费斯汀格还说，就像饥饿的人去觅食以减少饥饿感一样，失调的人也会敦促自己找到减轻这种状况的办法。对于肉食者来说，有两条路可选：要么从此不碰肉；要么改变自己的信念，给自己找到一个更加合理的借口。

除了我们的加倍努力外，肉产品企业为了增加销售量，同样会推波助澜。企业希望我们不要想太多，乖乖送钱就好。据利兹·格劳尔索尔兹（Liz Grauertholz）在2007年进行的一项关于动物形象的研究中表示，其中一种办法就是把受折磨的动物形象与肉产品进行割离，把这些死亡的动物藏进精美的包装里，这样的话，消费者只能看到最终的商品，而忽略这些商品的来源，从而有助于产品的接受度。另外，企业还会在商品命名上下功夫，以嫩牛代替母牛，火腿代替猪，游戏代替猎杀野生动物，从语言和概念上剥离商品与其来源的关联。

当看到肉类的商业包装时，格劳尔索尔兹发现有两种不同的模式。一种是将整个肉类的加工过程，比如消毒、包装和切片等完全展示在公众面前，使人们很难由这个工业化流程联想到动物本身。第二种是进行角色移植，把动物与卡通形象结合起来，这样看起来似乎更加可爱。在亚洲地区，特别是日本广泛采用这一战略。生态学研究者康纳德·洛伦兹（Konrad Lorenz）建议把儿童读物里的动物形象，比如大眼睛、圆脸蛋和嘟嘟嘴利用到肉类产品的广告中，引导人们认为这些肉制品来自快乐的动物。以上两种做法都是为了转移人们对虐待动物行为本身的关注。

我们要考虑的远不止“食肉”这个问题。当动物沦为一件商品后，人类很容易忽略这些商品背后隐藏的痛苦和不适，人类的残忍就会变本加厉。除了上述的例子外，我们还能看到很多被隐藏的、与金钱有关的冷漠和道德沦丧。

我们知道有许多人正在遭受贫穷，但与捐出自己的财物相比，人们更愿意去消费一双昂贵的鞋子。从根本上来讲，我们抵制童工或成年人在恶劣的条件下工作，但实际上，我们依然会在各种折扣店血拼。为了维护脆弱的自我认知、维持信念和行为的统一，我们宁愿选择无视人类的虚伪这一真相。

遇到认知失调时，我们更有可能将错误的信念传播给他人。为此，我们不惜重塑价值观，而并非审视自身。正如巴斯蒂安和洛夫南所说，在减少失调的过程中，我们的很多行为明显与真正的信念背道而驰。

虚伪会在特定的社会和文化环境中滋生，而且社会准则可以通过规范化和隐形化为我们的不道德行为蒙上一层面纱。企业内部更是如此。当谈到不道德的商业交易时，我首先想到的是交易本身，我们是什么，我们不是什么，交易是否单纯以营利为目的？人们为何依然沉迷于这种被禁止的交易而无法自拔呢？

人性的不可思议

你的时间可以拿来贩卖吗？一个小时要多少钱？一年呢？这些看起来都是很普通的交易模式，我们把这样的交易模式称为工作。类似的还有房子、衣服及笔记本电脑等交易物。以合理的价格进行钱物交换似乎很正常。

不过，生活中还有很多不能被量化和标价的东西，比如让你赤身裸体骑一头牛，在国家电视台直播要多少钱？小时候爱不释手的泰迪熊要多少钱？多少钱能兑换你的孩子或丈夫？你的左肾需要多少钱？将这些东西标好价格出售很容易让人联想到与魔鬼进行灵魂交易的画面。那么，这些交易是否就邪恶呢？

为了有进一步的了解，阿兰·菲斯克（Alan Fiske）和菲利普·泰特洛克（Phillip Tetlock）在1997年展开了研究，他们声称这些不能被交易的东西背后，隐藏了人类的道德观、政治观与价值观。也就是说，世俗的价值观不认可把有重要意义、值得被保护或神圣的物品与金钱画上等号。

我们认为，总有一些东西是金钱买不到的或不该用金钱来购买的。我们先来做个简单的测试，在原有测试的基础上，我进行了一些缩减，看看你对于被买卖物品的态度。这个测试摘自泰特洛克和同事们在2000年发表的一篇科技论文："如果你有权判断下列每项交易的合理性及其是否符合道德标准，你会投赞成票还是反对票？看到这些你会想到什么？"

（1）付钱请人打扫；

（2）请医生为自己或家人提供医疗服务；

（3）请律师出庭为自己辩护；

（4）支付收养孤儿的费用；

（5）购买人体器官；

（6）付钱给代孕母亲；

（7）付钱拉选票；

（8）进行性交易；

（9）假如我被法院判刑，付钱给他人代自己服刑；

（10）付钱给他人代自己服兵役。

以上十条中有没有让你觉得不妥的？大家一般都可以接受前三条，而后七条普遍接受不了。给后七条投赞成票的人明显比其他人看起来更加离谱，而且令人不安，他们表现为具有攻击性、更残忍、更疯狂、容易愤怒或悲伤。即便只是想想，也会让人毛骨悚然。

根据泰特洛克和同事们的说法，对于不合情理的交易，愤怒是出于道德考虑的第一反应。为什么这么说呢？想想那些令你感到羞耻的行为，你需要花精力寻找其他途径从道德上来净化自己。

研究发现，在想象这些看似不道德交易的场景之后，对其表示愤怒的人更容易通过其他方法来净化自己，比如参加“反婴儿拍卖活动”。另外，这个例子还表明，研究人员非常想让参与者证明自己会在违反道德准则后在其他活动中救赎自己的内心。理由是，仅仅想一下这些可怕的事情都算违反了道德准则，必须马上进行弥补。

然而，我们在现实中不得不将一些东西贴上看起来不可思议的标签。泰特洛克说过，资源是有限的，有时候不得不将这些有限的资源给出隐形的估价，比如人的生命（治病保健需要多少钱？）、公正（请律师或法务代表需要多少钱？）、保护自然环境（对濒危物种进行保护需要多少钱？）、公民自由及权益等。

说出来你可能不太相信，其实你身体的每一部分都有价格。比如，在一场事故中有人受伤，民事法院（或美国的陪审团）就需要对受伤的部位和程度给出一个价格，有些是情感伤害，有些是丧亲之痛。如果有人因他人之过而丧生，那么相关机构会根据死者生前的收入、潜在的晋升空间及不出意外的寿终年龄来计算一笔费用，支付给家属作为赔偿。最终一条人命就转化为电子表格中的一串数字了。

世界上有很多国家像英国一样，会对人的每一个部位给出官方的指导价。如果有人因他人的疏忽或故意造成身体上某处的伤害，就要根据这些报价来进行赔偿。如果受害者有一只眼睛失明，可以获取4.8万~5.8万英镑的赔偿；两只胳膊是21万~26.3万英镑；食指的价格是1.6万英镑。从这层意义上来讲，人和屠宰场的牲畜毫无差别，每一个部位都被贴上了价签。

不过就美国来说，相关的体系更加不稳定。经济学家丹尼尔·卡尼曼（Daniel Kahneman）和同事说，陪审团对于赔偿金额有决定性的作用。1998年，他们公布了一项研究结果，该研究是关于对受害者的经历表示愤怒的程度及赔偿金额的判定的，涉及的案例包括存在安全气囊隐患的汽车、有害烟雾工作场所及被醉醺醺的安保人员射杀等。尽管参与调查的人员对这些案例极为愤怒，也认为应该对涉案人员严惩不贷，但在赔偿金额的问题上表现得却截然不同。由于不同的人对痛苦的承受能力也不同，有些人觉得只值100美金，有些人觉得1 000美金才合理，更有甚者，有的人认为100万美金都不足以弥补。

无论花多少钱都无法让逝去的生命重新活过来，也无法让受伤的身体恢复完好。我们的司法体系还需要一种替代方案来对受害者及家属进行补偿。不过从经济学角度来看，替代与被替代的物品要具备同等价值，才可以进行替换或交换。所以很多人认为赔偿的金额与失去的相比，远远不能等价。

这里又出现了一个问题，为什么有些公司会致人的性命和安全于不顾呢？鲍迈斯特把公司或组织因金钱而做坏事的行为称为“工具性邪恶”。根据卡罗尔·尤尔基维奇（Carol Jurkiewicz）对“工具性邪恶”的重要研究表明，最能引起公众对邪恶性工具大肆讨论的事件之一是福特平托案（Ford Pinto）。在20世纪70年代，福特公司的平托车是一款广受用户欢迎的车型。然而，其油箱的位置存在重大的缺陷，即便是低速的追尾事故，也可能导致汽车爆炸。尽管制造商对此了解，但在经过一系列碰撞测试后，这款车还是被推向了市场。据福特公司的人员估算，如果每年要挽救180个可能因此而发生危险的人，每辆车的成本就要追加11美元，福特公司不想出这笔费用，因为这加起来要比被卷入民事诉讼案件及支付不良公众影响的费用还要高，他们甚至把死亡人数也算在里面了。那时，在美国，一条人命也就值20万美元。所以从这个例子中，我们可以看出，钱比命更重要。

这种行为算得上邪恶吗？难道商业运作模式都是这样的吗？在生意场上和现实生活中，金钱是最简单的一种估价方式，这比计算心理、名誉及公众影响力的得失要容易得多。但后果很可能会触碰到公众的道德底线，从而引发大规模的声讨。

试想一下，个人的差异一定会造成估价的高低不同，这也容易使人丧失人性或歧视那些标价不高的人。一旦人有了价格，我们就会忘记人类经历的复杂性和结构的不平等性。有些人从中受益，也有些人被迫受害，我们甚至付出了丧失人性与同理心的代价。

剥夺与被剥夺

奴隶制度可能是最扭曲的一种社会形态。在这个制度中，奴隶被剥夺自由、权利与人性，完全沦为奴隶主赚钱的工具。奴隶曾经（不排除现在）根据身高、体力和外形被标上价格并出售。

凯文·贝尔斯（Kevin Bales）是一名研究现代奴隶制度的人权律师。他指出，现在奴隶的均价为90美元，比过去便宜太多了。均价跳水是由于全球人口爆炸，可供剥削的弱势群体越来越庞大。在法律的大背景下，奴隶制度通常是一个更为广泛的术语，贝尔斯将现代的奴隶定义为在暴力胁迫下进行无薪工作且无法离开的人。

究竟有多少奴隶呢？据联合国国际劳工组织称，尽管每个国家都宣称奴隶制度是非法的，但全世界至少有2 100万人依然遭受着某种形式的奴隶制压迫。

我真的对现代的奴隶完全无法理解，尤其是性奴。剥夺一个年轻人的一切，包括自由、健康、尊严等，这太残酷了。你或许难以想象把一个正常人变为奴隶的速度，走错一个派对、上错一个看似友好的陌生人的车，甚至找错一个工作都有可能。

从文明社会踏入地狱之门只有一步之遥。那些犯罪人员又能从中获得什么呢？金钱吗？尽管我不愿意相信，但答案真的是金钱。贝尔斯说，人们之所以奴役他人，就是为了赚钱。

奴隶制度就是一笔大宗的交易。奴隶制经济学家赛达斯·卡拉（Siddharth Kara）在2017年的采访中指出，事实证明，今天的奴隶制度比起以往的更加有利可图。卡拉总结了51个国家15年来的数据，并对5 000多名奴隶制受害者进行了采访。他发现："每个奴隶的年利润从几千美元到几十万美元不等，每年奴隶制度的总利润高达1 500亿美元左右。"他还计算出，受害者每年的平均利润为3 978美元，而性交易受害者占所有奴隶的5%左右，每年的平均利润为3.6万美元。

把奴隶制度和金钱划等号看起来似乎冷酷无情，但在这一章的内容中，我们只谈金钱，因为它是一切腐朽力量的源泉。要不是有利可图，奴隶制度早就像那些倒闭的企业一样，消失得无影无踪了。

我们该如何对参与这一买卖的奴隶主们定位呢？他们是邪恶的吗？据鲍迈斯特说，如果满足以下八个条件，就可以认定该人或其行为是邪恶的。在鲍迈斯特原有理论的基础上加入新的框架结构，以便帮助我们更好地理解奴隶制度。纯粹的邪恶要满足的八个条件总结如下，括号内给出的是具体的行为示例：

（1）邪恶的人会故意伤害他人（奴隶主把虐待奴隶当作家常便饭）；

（2）邪恶的人以伤害他人为乐（奴隶主常常鞭笞奴隶）；

（3）善良且无辜（奴隶并未做什么错事）；

（4）邪恶的人属于主流之外的人群，比如敌人、局外人等（奴隶主和我们不同，也永远不会属于我们这个群体）；

（5）邪恶的人长期以来都没有善举（奴隶制度的基本形态就是靠暴力和侵犯控制奴隶）；

（6）邪恶的一方永远站在秩序、和平与安全的对立面（奴役他人就意味着暴力、破坏或毁灭别人的家庭，被奴役的人毫无安全感）；

（7）邪恶的一方通常自我意识膨胀（奴隶主往往认为自己比奴隶高出一等）；

（8）邪恶的一方很难控制自己的情绪，尤其是愤怒（奴隶往往因奴隶主的愤怒而备感惊恐）。

鲍迈斯特的理论还存在一个缺陷：要找到一个完全满足以上八个条件的人绝非易事。但只要满足前六个条件，就被鲍迈斯特认为是个彻头彻尾的恶棍。不过针对个人来说，里面个别几项就足以构成邪恶了，可这些不能被当成一种概念，这太夸张了，也过于简单了。这种分类将那些伤害我们的人与正常人完全划分为不同的群体。而鲍迈斯特和贝尔斯认为，尽管我们认为某些人或某些人的行为极其邪恶，以上的分类也没有起到多大的作用。人类的行为远比这个僵化的分类更加复杂。

奴隶制度也如此。贝尔斯说："对于奴隶主形象的固化认知，为我们展现了一个完全异类的形象，这一点使我们有所慰藉。"在我看来，奴役他人是一种非人类的最高表现形式。可一旦给奴隶主们贴上邪恶的标签，似乎反而让他们摆脱了一定的束缚，贪婪、自私或伤害别人也好像变得理所应当了。其实造成这种现象的根本原因是社会系统的不完善及个人价值观的破裂，而不是奴隶主本来就是异类。

贝尔斯进一步阐述："我们必须去探索奴隶主们对自己的定位及如何定义他们所从事的交易。"对此，他还表示："现实中我遇到的所有奴隶主都是有家室的男人，他们觉得自己就是生意人，自己所从事的奴隶生意和其他经济活动没有什么不同。"

那么，奴隶主们又是怎么做的呢？面对严重的认知失调，他们经常通过改变自己的信念而非行为来坚定自己的"好人"形象。

贝尔斯说，奴隶主们觉得自己的角色是维持社会秩序的必然产物，或者奴隶制度本身就是社会环境造就的。从人们出生起，阶级就被固化了。他们认为，尽管自己剥夺了受害者的一些权利，但同时回馈了食物、住所及基本的生活设施。这些信念使得他们更坚定地认为这种不平等不过是社会的正常现象而已。这些奴隶生下来就注定和他们不是同一层次的，不配得到更多，哪怕是对于这些仅够维持活命的基本需求物，奴隶们也应该感恩戴德。

在这种逻辑中，奴隶被转化为次等人，属于另一个人类等级，他们不配获得地位和人权，有点像动物或罪犯。贝尔斯解释道，这种逻辑也会使奴隶放弃反抗，接受自己的地位，不排斥奴隶主高高在上。他还解释说，如果在旁观者看来，奴隶主是邪恶的，那么奴隶自然就成为被压迫的一方了。一旦奴隶和奴隶主都认为这种关系是正常的，那么这种制度就能够得以延续。

尽管在现代社会中，我们认为奴隶制度是不合理的，但还是有很多类似的事情发生，人们会以获取金钱为目的而对他人进行极端的剥削。我们很容易评判他人，而选择性地忽视自身的问题。大多数国家都存在收入低下及工作过劳的情况。在化学、石油及钻石等行业中，很多劳工没有应有的安全防护措施，就把自己暴露在危险的工作环境下。还有一些面临倒闭的公司，以低价雇佣非法的工人。从这一点上来讲，或许很多商人与奴隶主并没什么两样。

一个公平的世界？

如果将视角从现代奴隶制度扩展至其他虐待工人或支付低报酬的现象呢？比如，在西方国家，与正常工资水平相比，为什么我们付给清洁工、保姆和清除垃圾的工人的工资要低很多呢？甚至有时候都不足以让他们维持温饱并有一处容身之地。恰恰这些工作又脏又累，大多数人都不愿意做，按照这个逻辑，他们应该获得更高的工资或至少是与平均水平相当的报酬。那么你是不是认为社会本该如此，有大学文凭、受过培训或有良好教育背景的人就应该拿更多的工资呢？

如果你现在无法判断自己身处的这个世界是否公平，那么我来提个问题。人们是否应该按照现有的社会规则来拿自己的那份工资或遭受惩罚呢？如果你的回答是肯定的，那么你认为这个社会是公平的。换句话说，如果你认为好人就该有好报，勤快的人就该富有，不付出劳动的人就活该挨饿，那么在你的意识里，这个世界就是公平的。如果你遇见一个勤勤恳恳工作但依然忍饥挨饿的人，就会很难理解了。

心理学家梅尔文·勒纳（Melvin Lerner）是最早研究所谓公平世界假说的人之一，他想探究为什么人们会在悲剧发生时反而指责受害者。1966年，在梅尔文·勒纳和卡洛琳·西蒙斯（Carolyn Simmons）共同完成的一项研究中，他们声称人们往往会有一种自我认知，即每个人都理应接受自己的因果报应，换句话说，就是结的果都是自己种的因。这是因为我们都有掌握自己命运的渴望和需求，并能预判可能发生的危险。据勒纳和西蒙斯说，如果人们不能坚信会得到自己想要的东西或自动回避讨厌的事情，就会觉得自己无能为力。

如果每个人坚持用社会既定的观念去看待这个世界，那么这种不公平永远不会改变。尽管从另一方面来讲，固有的社会观念也会造福人类，赋予我们力量，让我们可以掌控自己的生活，可事实上，普遍的社会公平论与很多消极态度分不开，比如对待穷人、罪犯或强奸。你会觉得一个喝了酒的女孩被强奸是由于她自己不检点，无家可归的男人跪在地上乞讨是他活该。

我们在大街上看到一个穷人，很多时候的反应是回避，并透出鄙视的目光，甚至丢给他们一句：快去找个工作吧。这种行为的来源就是我们固有的观念与意识，认为他们都是活该，都是他们自己不努力，都是他们对自己不负责。这也是我们的一种自我保护方式，告诉自己永远不要沦落到这种地步。看待那些不幸事件中的受害者时，我们也会有类似的想法，去责怪受害者，认为他们都是自找的。人们通过这样的判断和认知来保护自己，并认为像自己这样的人一定不会成为受侵犯的目标。

人们不喜欢无序和不能被掌控的生活，不愿意相信不好的事情会降临到一个好人头上。可事实上，这种情况一直在上演。只有意识到这一点，人们才能对社会的不公平现象有所改观，为这些饱受苦难与不幸的人做点什么，比如消除奴隶制度、减少赤贫或防止暴力犯罪。否则，在一个持有“存在即合理”观念的世界中，人们很难做出改变。

我们要接受这样的事实：灾祸也会发生在好人身上，也会发生在那些循规蹈矩、不唯利是图的善良人身上。最极端的例子就是下面我要讲的，制药公司打着救死扶伤的旗号，利用人类的病痛来牟取暴利。

制药公司

2015年，图灵制药公司（Turing Pharmaceuticals）的首席执行官马丁·什克雷利（Martin Shkreli）购买了抗艾滋病药物达拉匹林（Daraprim）的专营权，并立即将该药物的价格从每粒13.5美元提高到750美元，涨幅高达5 000%，这是典型的利用病患来牟取暴利。由于对病人的病痛漠不关心，他获得了“美国最可恨的人”的称号。

2017年，什克雷利被指控多项欺诈罪。然而事实证明，在公开批评他的行为之后，法院很难找到中立客观的陪审团成员，以下可说是陪审团成员选拔历史上最令人奇怪的摘录，导致了超过200名陪审员被免除。

法院：选择陪审团的目的是确保本案的公正性。若有任何不公平或不公正的地方，你们都有责任告知我。好了，一号。

一号陪审员：我知道被告都干了些什么事，我恨他。

本杰明·布拉夫曼（什克雷利的律师）：对不起。

一号陪审员：我觉得，他就是个贪得无厌的小人。

法院：陪审员有义务只根据证据作出裁决。你同意吗？

一号陪审员：我不知道自己能否胜任，我根本就不想来。

法院：一号陪审员被取消。

……

十号陪审员：我唯一能保持公正的地方就是这家伙会进哪所监狱。

法院：好的，十号陪审员被取消。二十八号，你需要听证吗？

二十八号陪审员：我很讨厌这个人，我不理解他为什么会干出这种蠢事，把艾滋病患者必用的抗生素的价格抬高那么多。老实讲，我想坐那儿去。

法院：谢谢。

二十八号陪审员：他究竟是蠢到家了还是贪得无厌，我不知道。

……

五十九号陪审员：法官阁下，他有罪，我坚决不能让他因为……

法院：停。这是你指控一个还没被证实有罪的人的态度吗？

五十九号陪审员：对于他的无耻行径，我就是这个态度。

法院：好吧，对不起，五十九号被取消。

五十九号陪审员：他还不尊重Wu-Tang Clan（美国说唱乐队组合）。

……

七十七号陪审员：根据我在新闻里看到的和听到的，被告就是美国贪得无厌的企业家代表。

布拉夫曼：我反对。

七十七号陪审员：你必须说服我他是无罪的。

五十九号陪审员的最后一句话是说什克雷利买了一张Wu-Tang Clan从未发表过的专辑，而且从未公开播放过专辑里的曲子。乐队的其中一名成员给什克雷利起了个很不雅的绰号，什克雷利便说这位说唱歌手简直不入流、老掉牙，并威胁对方要永远删除这张专辑。

法院把那些有偏见的陪审员筛选完之后，什克雷利还是不得不面对多项有罪指控。在审判过程中和审判结束后，他的油嘴滑舌、肤浅、利欲熏心的样子暴露无遗，他还在社交媒体上发表带有明显仇恨情绪的言论，反复地撒谎，甚至谎称自己毕业于哥伦比亚大学。可在审判期间，哥伦比亚大学的管理人员却说查无此人。这个丑闻被曝光后的当天晚上，什克雷利回到家中，在社交媒体上开始直播，并身穿哥伦比亚大学的T恤衫，和那些批判他的人互怼，怀里还抱着他的猫。他似乎很享受与人为敌的过程，也乐得别人叫他“恶魔”。直到2018年，当他因证券诈骗而被判七年有期徒刑时，人们才真正见识到了极为情绪化的一幕，这个曾经不与常人为伍的男人竟然在法庭上痛哭流涕。

什克雷利到底是如何走到这一步的呢？精神病患者、坏蛋或恶魔这些词语难以将其完整概括。在这里，我要和罗伯特·黑尔（Robert Hare），即制作出精神病检测量表的研究员，来聊一聊西装下的蛇。一个冷酷无情且有着极强控制欲的精神病商人，很可能会成为社会主流观念的缔造者，所有的决定均出自金钱利益而非同理心。

此时似乎又回到之前的那个悖论了，做出伤害别人行为的恶魔是与正常人不同的一类人。我们之前说过，这是这类人某种人性的缺失所导致的结果，而不是整个社会衡量成功和贡献的系统出了问题。

从许多方面来看，什克雷利都是一个人品不好的老板或公司的CEO，就像是一条穿着高级西装却卑鄙自私的蛇。我们必须小心，他成长的环境可能是一个金钱至上的世界。那些在商业上成功的人往往会受到嘉奖和肯定，即便以牺牲他人为代价。许多行业为了打价格战，往往想方设法压榨工人的血汗。那些成功人士对此类行为极其擅长。人们可以很容易地适应他们原有的生活体系，什克雷利就是其中的一员。不过我并不是为他的行为开脱，像所有人一样，什克雷利也是他所处环境的产物，尽管他可能自带一些黑暗四分体的性格特征（自恋、马基雅维利主义、虐待狂和精神病），使他弃道德规范于不顾，只在乎金钱和虚名。即便如此，我们也不能剥夺那些毁坏他人权利的人道。

也许，一个唯利是图的社会系统最终会把我们每个人变成怪物。

伦理的盲点

一个人在工作中的表现和行为也可以与他工作外的生活联系起来。为了逃避做事，人们不惜撒谎；为了给自己树立一个正面的形象，人们遮掩自己性格中的缺陷；他们嫉妒同事，对别人幸灾乐祸；为了一己私利而偷窃；滥用职权且欺骗他人。很多时候，生意场上的那些手段只是一个人行为的缩影。我们只有揭开这些公司的面纱，认清其中的每个成员，才能洞察那些影响我们平时工作的细枝末节。

对于很多人来说，工作不只是为了养家糊口，我们还希望自己所从事的行业能充实自己的人生、愉悦身心并对社会有所贡献。当我们认为自己的存在很有价值和意义时，就会有强烈的自我认同感。比如，尽管我是个科学家，但科学并不是我存在的唯一意义。

再考虑一下我们的道德行为，只有当我们所创造的价值能被公司认可时，我们才能从中找到自我认同感。如果工作不能让我们快乐，那么我们自然不会把公司的利益当回事，也不在乎自己在公司里扮演的角色，甚至有可能做出有损公司的事情。从某种程度上来说，这是不道德且自私的行为。

反之，当我们特别重视公司的利益、珍惜同事、有归属感且能找到自我认同感时，就很有可能会做出为了公司利益而有损道德的事情。我们会为了老板的利益而偷窃、撒谎，或者为同事打掩护。

心理学家伊丽莎白·乌姆弗雷斯（Elizabeth Umphress）和约翰·宾厄姆（John Bingham）认为这是一种以组织为规模的不道德行为。他们还说，对老板有强烈依赖感、在公司有自我认同感的员工很有可能会为了整个组织的利益而做出不道德的行为。出于好心，实际上却办了坏事。乌姆弗雷斯和宾厄姆认为，这种现象与社会交换理论是一致的，而这个理论又与恩惠和资源交换有关。尽管这种互惠互利的关系是双方自愿的，但那些不愿意参与的人往往会受到排挤，比如失信、损誉、未来效应减少等。相比之下，那些有来有往的人们存在一种永续的利益关系，包括信任、认可和尊重。

除了工作中的压力外，有关道德决策的直观模型要求人们保持理性，但由于性格方面的弱点，人们做出不道德的行为也在所难免。很多时候，人们根本没有意识到自己的行为违背了道德规范。

2012年，吉多·帕拉佐（Guido Pallazo）和同事在研究中说，我们每个人都有道德盲点。道德盲点是指当事人做出决定时或行为之前没有看到潜在的危险性。这种道德盲点可能出现在任何人身上，尤其是在商海中。让我们重新去审视一些问题，人就意味着利润，安全就等于支出，理清道德关系是一项烦人的工作，但公司的利益等不及。在这种情形下，我们很可能会忽略公司的决定对外界社会造成的伤害。无论别人怎么质疑，当局者都意识不到其行为的危险性。只有事后去想，才恍然大悟，当初那个看起来明智的决定原来后患无穷。

在企业或公司中，尽管很多员工声称自己不是种族主义者、性别或年龄歧视者，但当我们观察他们的实际行为时，就会发现他们露出了马脚。这种隐藏的偏见所暗含的信仰对别人造成了巨大的伤害，就像一场会传染的流行病一样。江山易改，本性难移，一个人的偏见和想法其实很难改变。不过，只要我们意识到这些“小怪兽”的存在，当它们跳出来作怪时，我们就可以采取积极的措施来打败它们。

近来，隐性偏见受到了公众的广泛关注，其中一种表现就是工作上的骚扰和歧视。在我看来，这是公司内部一种不道德的行为模式。因为我们常常对它视而不见，所以根本没把这当回事。像骚扰这种事，怎么看都像是别人家的事，和自己没有关系。其实工作中的歧视和骚扰离我们并不远，比如，打断一个女职员的工作，询问一个看起来肤色与你不同的人来自何处，或者有男同事说自己不喜欢足球时你脸上流露出的诧异神情，这些都是隐性的偏见在作祟。

不管嘴上怎么说不会歧视他人，可我们的行为却暴露了自己潜在的观念或教条化的思维模式。如果任由其发展，可能就会形成一种负面的、不公平的甚至排斥他人的文化。人们本不应该因为性别、肤色和宗教来区别对待他人，这对文化的多样化发展无疑是一种伤害，但很多人在现实中还是一如既往地这样做。

自2017年以来，由职场中的隐性偏见导致的后果更多地展现在公众视野中。各个领域的女性开始曝光自己十几年来在工作场所中所遭受的性骚扰，在推特、新闻甚至法庭上都有相关的内容。像MeToo（“我也是”，美国女星艾莉莎·米兰诺等人发起的反性侵运动）这样的运动把骚扰从黑暗中挖掘出来，晒到了阳光下，我们才得以洞察男性和女性内心的惊慌失措、惶恐不安和愤怒。

骚扰的波及面如此之广，由此可以断定，很多企业都容忍这样的文化存在。很多做出骚扰行为的人本身并非恶人，只是受到了企业和社会文化的驱使。

我对那些职场中的恶人尤其感兴趣。2018年，在我回顾与卡米拉·埃尔菲克（Camilla Elphic）合作的关于工作场所中骚扰和歧视的文献时，发现大多数骚扰都没有公布于众，这就意味着大多数公司根本不清楚在自己的地盘上发生过多少起何种程度的骚扰事件。受害者和证人往往由于害怕而不肯开口，他们害怕丢掉工作，害怕被同事另眼相看，害怕不被周围人善待，害怕让自己身处比现在更加不利的局面。人们如此害怕揭发骚扰所带来的后果，所以绝大多数骚扰事件都没有被报道。

要想改善职场的这种风气，我们就必须先从改变企业文化着手。2018年2月，我和同事发布了一个在线聊天工具，叫作spot（登录talktospot.com可以免费注册使用）。通过一个在线机器人，那些在工作中遇到不好事情的人可以选择与它对话，这样有利于我们统计那些被藏在黑暗中的具体数字。聊天的方式有点像发短信，其实和朋友之间发信息聊天没什么不同。区别就在于：你倾诉的对象是一个训练有素的机器人，而非人类。这不会对你的工作造成什么影响，也不会对你的状况给出什么判断，只是听你说话而已。spot可以帮用户建立一个聊天档案，等日后用户需要，可以随时将这些档案提取出来，上交主管部门或与别人分享。这一举措鼓励了很多员工向自己的老板报告骚扰的问题，也提升了上报的准确率。spot还开通了投诉渠道与服务，帮助企业与公司更好地处理问题。我们希望以这种方式为员工们发声，并建立良性的职场文化。

鼓励人们重新审视公司和企业内部关于道德行为的印象，是改进现状的第一步。如果想建立一个健康、有道德感且积极向上的企业，就要在企业内部出了问题之后进行交流。企业必须建立一种文化，使得员工不必担心自己的需求被忽视。我们要将那些举报歧视和骚扰的行为视为对群体的正面影响，而不是孤立那些发声的人。不道德的行为往往不是一两个恶人造成的，而是企业文化出了问题。

在鼓励把人完全与金钱等同的企业环境中尤其如此。我们必须后退一步，考虑这些数字背后所代表的人性，阻止企业和个人做出不当的举动，不要把所有复杂的问题都简单地用金钱进行处理。

我们迫切需要对企业文化加以改进，不仅要关注我们能做什么，营利多少，还要关注我们应该做什么。对人类、动物及地球的关注已经刻不容缓，千万不要发展到“人吃人”的地步才收手。

文化对不良行为的促动远超出公司或企业的范围。回想一下历史上臭名昭著的希特勒，看看他的信念最终导致了什么样的社会体系。当我们身份丧失、不得不接受别人所制定的道德规范时，我们需要去发现由此而引发的破坏力。

第 8 章

我什么都没说：服从性背后的科学

关于暴力组织和恐怖主义

独自成人，结群成魔。

——弗里德里希·尼采《善恶的彼岸》

希特勒上台后，不乏追随者，其中有一位名叫马丁·尼莫拉（Martin Niemoller）的反犹派新教牧师，他喜欢直言不讳。可是，随着时间的推移，在第二次世界大战即将开战之际，尼莫拉突然意识到希特勒可能会带来的负面影响。于是，他发起了一个由神职人员构成的反对派组织，称之为“牧师紧急联盟”（Pastor's Emergency League）。为此，他被纳粹党逮捕并辗转了两个集中营，最后竟然活了下来。

回归正常生活后，尼莫拉公开声称，在这场大屠杀中，广大民众起到了推波助澜的作用。也是在这段时间里，他完成了那首流传至今的反抗法西斯的歌曲。在歌词中，他描述了因政治冷漠而发生的悲剧（历史上这首歌曲的内容极其复杂，因为尼莫拉没有发布完整的版本，歌曲中的群体名称随着他谈话对象的变化而实时改变，下面这个版本应该是改编过的）。

当初，他们瞄准了社会主义者，我默不作声，毕竟我不是其中一员；

随后，他们瞄准了工会成员，我还是没有吭声，毕竟我也不属于这个组织；

紧接着，他们开始找犹太人的麻烦，我依然沉默，毕竟我来自其他种族；

直到他们瞄准了我，周围的人也和我一样，选择了视而不见。

这些尖锐的文字直击人心。就我的感悟来讲，它们向我们揭露了感知社会问题如同感知他人的问题一样，极具危险性。事不关己，高高挂起。对于别人的苦难，我们往往选择视而不见；看到别人的痛苦，我们恨不得马上撇清关系。可这样做所酿成的社会苦果，终究还得我们自己来尝。

如果这种道德冲突只存在于假设中，我们可能会选择坚守自我的道德底线，与反人类的不道德行为作战。假如一个充满仇恨与暴力的领导人上台，我们一定会选择坚守立场，绝不会让历史重演，也绝不会让当初饱受折磨的犹太人、穆斯林、妇女或其他少数民族饱受压迫的事情再度发生。

百万同盟大军

不过历史和科学研究对此提出了质疑。2016年，约瑟夫·戈培尔（Joseph Goebbels）的前秘书，已经105岁高龄的老人打破了66年来的沉默。他说："我并不怀疑那些公众表现出的真诚。尽管他们声称自己如果生活在纳粹时期，看到别人遭遇的不公平对待，一定会奋起反抗。但我想说的是，他们中的大部分人事实上都会选择默不作声。"约瑟夫·戈培尔是希特勒统治时期德意志第三帝国的前宣传部长，忠诚为纳粹党效力。他的所作所为令人发指，举世闻名。当第二次世界大战德国战败后，他毒死了自己的6个孩子，然后和妻子一起自杀。他用自己的实际行动诠释了什么是超出公众认知的恶行。

由意识形态驱使人们做出骇人听闻的行为令人难以理解，但事实上，德国人当时的灭绝性屠杀在那个时代的大多数人眼中却是很正常的行为。为了证实相关的理论，科学家们进行了研究，探索如何才能导致整个人群陷入恐慌。纳粹党卫军中校阿道夫·艾希曼（Adolf Eichmann）在1961年的一场著名审判中为自己辩解，声称他只是执行命令，上层要求处死犹太人，他也不能违抗。几年前，其他纳粹高官也曾在纽伦堡审判中为自己辩护。这也是我在第三章中提到的那个最典型的斯坦利·米尔格拉姆实验。米尔格拉姆坦言，他要做的实验是为了查明艾希曼和他的百万名同谋是否只是出于服从命令的原因才展开大屠杀的？我们该不该把他们称为同谋？

那些数以百万计的同谋都是些什么人呢？具体数量到底有多少呢？当我们对纳粹时期德国的复杂性进行讨论时，必须梳理出导致这种暴行发生的各种条件。可是面对大屠杀的暴行时依然选择袖手旁观的人数量更多。那些当初声称会坚守自己的信条、不相信意识形态影响力的人，在真正与暴力对峙时，大多选择了漠然处之。这种现象不止德国有，全世界都存在。

其中一些人赞同纳粹时期的宣传及言论，他们把暴力当成善举，认为自己只不过身体力行地进行种族大清洗而已，由此创造一个更加美好的世界。当然，不乏对纳粹思想持有异议的人，但他们觉得除了加入这个组织外别无选择，或者认为加入这个组织能给自己带来一些好处。对于有些人来说，终结他人的生命与自己的信念相违背，但他们在德国纳粹政府的背后从事管理、宣传或一般性政治活动的工作，尽管并没有涉及杀人。

对于上述情况而言，米尔格拉姆对后者更感兴趣，他想知道普通民众为什么可以单凭一个命令就去伤害他人。在这里，我再简单地重申一下在第三章中已经讲述过的方法，其中第一种方法发表在1963年的研究结果中：参与者被要求对身处另一个房间的第二名参与者进行电击，程度慢慢加深，直到他们认为自己杀了人。

米尔格拉姆的实验是对当下流行的心理学书籍的验证，他也从根本上颠覆了科学家甚至整个世界看待人类服从性行为的观点。米尔格拉姆的实验以及对施害者与受害者的还原，向我们展示了权威人物对人类产生的深远影响。不过这项实验也遭到了相当的质疑，一方认为它的设置过于真实，另一方却认为它的真实度不够。这会造成两种结果，一方面，部分参与者可能因此受到精神方面的创伤，认为自己真的杀了人；而另一方面，部分参与者则完全把这个过程当成一种实验，甚至在现实中做出更越轨的事情。

为了解决这些问题，研究者们不断地进行米尔格拉姆的实验，每次实验得出的结果都与最初的实验结果大相径庭。但实验结果告诉我们，无论时代如何变迁，人们都不会从历史中吸取教训，更不会在接到危险命令时有所抵制。

帕特里克·哈格德（Patrick Haggard）在2015年采取了米尔格拉姆实验中的部分元素，他发现那些接到命令的人会让其他参与其中的人感到震惊。研究结果还表明，服从命令的参与者对行为造成的后果并没有强烈的内疚感。也就是说，他们不认为自己是直接的施暴者，服从性行为与造成的后果之间存在一定的距离。所以，这也解释了为什么会有那么多人无条件地服从来自权威的命令，哪怕是大规模的暴行，但这并不能成为这群人为自己开脱的理由。

我们必须小心翼翼地防止自己冲破道德的底线。当权威鼓励我们或向我们下达命令去做一些不正确的事情时，我们一定要大胆地站出来表示反对。下一次，再有人向你下达不合适的指令时，多想一想自己究竟要做的事情是什么，自己在接到命令之前对这件事是如何看待的，以及是否有人让你这么做过。当你意识到如果遵守命令会给别人带来严重的伤害时，一定要大声说不，把周遭其他人服从的想法也扼杀在摇篮里。

再回到对服从的讨论当中，由于这个实验看起来很抽象，我想谈一谈另外一种会对整个群体造成系统性压迫的服从。总有人没有享受到同等的权利和尊重，以及同工同酬。这个世界上不乏厌女主义者，到了该谈一下这个问题的时候了。

强奸文化

我们之前讨论过各种性幻想、性变态和恋物癖，认为大多数人不会付诸实践，不会以下流的言语相向，不会触摸，也不会实施其他类型的性侵犯，只会停留在想象的层面上，这是一种性妄想。可事实并非如此。性侵犯发生的一部分原因就是利用了大多数人持有的基本观点，他们认为这种行为可以被接受、能够被理解或至少应该被容忍。其实，整个社会一直延续着一种厌女的价值观，根源如此顽固，后果如此恶劣。所有人都把男性当作性掠食的元凶。

我们都应该反省自己的行为。日常小事中就存在着性别歧视，甚至发展成一种普遍的性侵文化。无论男女，人们的一系列行为最终导致了对女性的区别对待。

当一名男性夸赞一位初次见面的女性很有魅力、很有趣或很聪明时，当你在工作时讲黄段子并暗示苏西是个荡妇、阿曼达是个婊子时，当你因为一名女性不愿意与你同床共枕而深感恼火并怒吼时，当一名女性不愿意与你发生性关系而你想方设法骗她上床时，当你因一名女性给你发好人卡而生气时，当你觉得为一名女性的吃喝玩乐埋单就意味着获得与她发生性关系的权利时，这些和强奸又能扯上什么关系呢？因为这个社会教导男人，女性脸上的妆容和精心的打扮都是为了吸引异性，就连身体都是他们的。

这些想法通常被称作“强奸谜思”，这类观念就是性侵犯的元凶，并已被广泛应用于科学研究中。2011年，莎拉·麦克马洪（Sarah McMahon）和劳伦斯·法默（Lawrence Farmer）创建了一个强奸谜思接受量表，其中包括公开或微妙的内容。按照她们的说法，强奸谜思主要包括以下内容：①女性（受害者）要求；②男性（掠食者）无意强奸；③并非真正意义上的强奸；④女性（受害者）在撒谎。这些内容都是在为强奸犯找借口，并将一部分责任归咎于受害者本人。

关于强奸谜思，我最认同的一个观点来自米兰达·霍瓦斯（Miranda Hovath）在2011年进行的一项研究。她想看看以年轻男性为读者目标的杂志是否存在利用主流环境宣传性别歧视并将其正常化的嫌疑。研究人员向参与者引用了杂志中的话及有关被定罪的强奸犯的采访，看看参与者是否能区分出两种类型的不同之处，以及他们对这些内容的接受程度。

现在，我们来看看这场关于这本杂志和强奸犯的游戏结果如何：

（1）“你绝对不想被抓个现行……快，就在公园的长椅上搞定她。这些都是我曾经的小把戏。”

（2）“让我极为恼火的是，有些女孩是情场高手，她们招惹我们，等我们兴致盎然时又喊停。”

（3）“谁让她们穿那些超短裙和热裤，那不就是让我们看的嘛……不管她们怎么想，这些穿着就是暗示我们：看，我身材多棒，只要你想，随时都能跟我那个。”

（4）当她们因为你而哭花了妆时，为了让这个美人儿高兴起来，最佳的安抚方案就是跟她上床。

你能发现它们之间的区别吗？参与者的猜测正确率略高于偶然性，认为引用杂志内容的正确率为56.1%，认为出自强奸犯之口的正确率为55.4%。我觉得最有意思的是，参与者认为从杂志中引用的那些话比从强奸犯口中说出来的话更没有下限。没错，在现实中，杂志里隐含的那些观点要比强奸犯实际做的更下流。霍瓦斯认为，这本杂志展现出的内容会教坏年轻男性，使他们认为很多实际上已经构成骚扰的举动很正常。再多提一句，第一和第四选项是从杂志里摘录的，第二和第三选项则来自强奸犯本人的口供。

在彼得·赫格蒂（Peter Hegerty）和同事于2016年进行的一项后续研究中，他们认为事情还要更复杂些。参与者认为带有性别歧视的话语令他们很不爽，甚至觉得这些描述充满敌意。至少在英国，以前宣传这类理念的杂志已经转变了风格。他们的结论是：这项研究的意义不仅在于杂志本身，更在于改变一种文化，把性暴力放在台面上来讲。他们还说，淑女杂志的影印本已经不如前几年那么受欢迎了，但在校园和线上渠道依然活跃。我们的研究有助于建立男女平等的社会规范，在男性青少年中引发对以往观念的批判性思考，不过性别歧视仍然与年轻男性的性社会化有关。

在许多国家，似乎性别歧视这个概念已经过时，这也许正是很多人不愿意谈起性侵的原因之一。因为人们认为自己生活在进步的环境中，不会去做这样的事情。公开对上述类型的杂志或强奸犯的言论进行贬低或声讨是可以的，可一旦涉及性骚扰或性侵犯的上报，人们往往会有以下的观点：①受害者在说谎；②受害者夸大事实；③受害者存心想毁了别人正常的家庭生活（她凭什么这么对他）。很不幸，强奸谜思依然存在。

我们之所以会有这些强奸谜思，是因为对受害者进行指责符合我们关于正义世界的观念。人们往往觉得这种悲剧不会发生在自己、妻子或女儿身上。强奸这种事情只会发生在那些看起来轻浮、醉醺醺及深夜在暗巷中游荡的女性身上。只要不大晚上在无人的街巷中乱跑、穿着保守、不喝醉酒，就不可能发生强奸的事情。

我们来看看性骚扰到底有多普遍。只看官方的数据统计是远远不够的，事实上，大部分事件都没有被报道出来，哪怕是极端形式的性骚扰，比如强奸。对于大多数人来讲，上报是因为真的摊上大事了，但每个人对门槛的设置高低有别。比如，有些人在被触碰后就会选择上报，而有些人却在经历数次强奸后才会上报。尽管某些事件确实触碰到了受害者的心理和生理底线，出于对自己造成的潜在负面影响、施暴者的报复、自我责备及文化等因素，他们依然选择隐瞒。

所以，想要回答到底有多少人曾遭受过性骚扰根本不可能。据估计，被隐藏的数字很庞大。由于对数字的关注，我们发现在性侵之间存在很明显的区别，而这进一步使问题变得很复杂。一部分被认为是创伤性的、毁灭性的、将受害者及其家属的生活彻底颠覆的或导致其他严重后果的性侵，另一部分被认为是微不足道或可以接受的性侵。事实上，不管是出于性渴望而摸了一把女性的臀部，还是真的强奸了，性质都一样，均属于同一种性侵，尽管我们大多数人（包括法律）对这两种行为的界定截然不同。

为了弄清楚问题的严重性，研究人员通常采用自我报告（self-report）测量方法，并试图将其量化以便于讨论。比如，据一份由沙琳·穆赫伦哈德（Charlene Muehlenhard）和同事在2017年发布的自我报告文献显示，大约有五分之一的美国女性在大学四年期间遭受过性骚扰。

我们之所以对大学生群体有一定的了解，是因为研究人员获取这个群体的数据相对容易些。穆赫伦哈德和同事认为这个数据和高中在校生差不多，但也有人说高中在校生遭受过性骚扰的比例可能更高，因为非大学在校女性遭受过性骚扰的比例为25%。

而且，性侵不只是发生在年轻女性身上。于永杰（Yon Yongjie）和同事在2017年的自我报告研究中对世界范围内60岁以上的女性遭受性侵的情况进行了总结分析，他们发现，平均每年有2.2%的老年女性遭受过性侵。我们随便问一名女性，几乎都能发现未经同意的触摸甚至强奸事件。面对这样一种情况，我们总是指责他人，却忘记了反省自己。

2017年3月，一位叫林赛·库什纳（Lindsey Kushner）的法官在对一个强奸犯判决时，用行动和语言表达了自己的看法。她说，女性完全拥有喝到不省人事的权利，但也应该清醒地认识到喝醉的确会增加被强奸的风险。乍看下这样的描述似乎在为女性着想，其实其中暗含了一层意思，即要不是女性喝那么多酒，强奸案就不会频发。另外，她还补充解释了自己的观点，就好比窃贼，我们并不是为窃贼掩饰什么，而是保护自己的财产不被盗的唯一方式就是自己多留个心眼儿，晚上记得关门落锁。从这些内容可以看出，即便是像林赛·库什纳这样的人，也把大量的时间花在协助强奸受害者、判决强奸犯及助推强奸谜思上。这些观念无处不在，已经渗透到我们社会的各个阶层。

对强奸谜思表示赞同赋予了我们一种控制力的假象。人们一想到被强奸，就觉得太可怕了，所以会陷入想要控制与制止它发生的假想中。这种假想最终会损害人类的长远利益，把精力浪费在对女性行为举止与穿着打扮的品评上，而不是去揭露强奸的幕后原因。

那些实施性侵的人是否就是恶人呢？他们确实常常被刻画成邪恶的形象。实际上，统计学告诉我们，那些实施性侵的人只是普通人而已，甚至看起来很正常，在现实生活中，他们扮演着兄弟、父亲、儿子、朋友和伴侣的角色。如果把这些人发配到一个荒岛，我们社会的人口会急剧下降。可由于强奸谜思的普遍存在，人们依然不能原谅他们的行为。

那么，我们应该做点什么呢？我坚信更加良性的性社会化是阻止强奸案发生的关键一步。人们在面对性歧视、强奸谜思和不良行为时要大声说出来。幸运的是，像MeToo这样的运动掀起了女性公开讨论性骚扰的热潮。要知道，哪怕是那些看起来微不足道的想法和事情都可能是一棵棵幼苗，如果社会继续对其孕育，就会衍生出一系列敌视女性的暴力文化。

一场早该开始的革命正在进行。我们需要集结社会各界的力量，无论你是女儿、儿子、兄弟姐妹还是父母，都可以加入进来。我们需要在世界范围内承认女性的能力、复杂性及完整性。比起男性，她们一点都不逊色，我们要为这51%的人类而战。

杀死基蒂

我们要坚持与不正当的行为作斗争，而非头脑一时发热。如果看到有人站在桥上要往下跳、站在摩天大楼的防护网上或在火车前面奔跑，你该怎么办？我打赌你一定会伸出援手，说服他们放弃轻生的念头，这是人性的表现。

2015年，人类学家弗朗西丝·拉尔森（Frances Larson）发表了一场演讲，谈到了公共暴力行为的发展，集中讨论了公开斩首的问题，包括近来的恐怖组织实施的斩首行为是如何成为公众关注的焦点的。尽管观众在观看此类事件时，往往会像置身事外的第三者一样，认为自己没有什么责任。实际上，我们的关注正中了那些暴力分子的下怀。

就像上演的一部戏剧作品，若没有观众，就达不到最好的效果。那些公共暴力行为也需要观众。研究了数十年恐怖主义的犯罪学家约翰·霍根（John Hogan）在2016年表示，这完全就是一场心理战术。犯罪分子不仅想恐吓我们，还想目睹公众的过度反应，而且这些过度反应始终存在于人们的潜意识中。

在这个链条中，似乎每个人应该承担的责任都被弱化了，可每个环节又必不可少。有些恐怖分子在行凶后将现场拍摄下来，就是为了引起人们的注意。他们放出一段视频，供人们相互传播，我们作为旁观者一次又一次地点击观看。假如视频携带病毒，这个视频的制作者就会清楚地知道，用这种方式去感染大众非常有效。面对这种行为，比如劫持飞机、开着卡车冲进人群或在冲突频发的地区展示武力，我们又该如何呢？

在网上传播视频的是不是恶人呢？或许不是，但这种行为帮助恐怖分子达成了目的，大面积传播了政治恐怖。我认为你在面对媒体对恐怖事件进行报道时，要做一个理性的旁观者，要意识到某个视频的关注度和浏览量可能会造成现实社会中更大的负面效应。因此，不对危害防患于未然和直接行凶的效果是一样的。

与此相关的是旁观者效应，这一系列研究始于1964年对基蒂·杰维斯（Kitty Genevese）案件的反应，在半个小时的时间里，杰维斯在纽约的公寓大楼外被刺死。新闻界广泛报道了这起谋杀案，声称有37或38名证人听到或看到了袭击，却没有人帮助她或报警。公众的失望促使人们寻找另外一种解释，即所谓的"杰维斯综合征"或"旁观者效应"。《泰晤士报》对此展开了报道，最后却被指控严重夸大证人数量及事实。这个案例又引发了另外一个问题，为什么一些"好人"有时候面对暴行时却无动于衷呢？

在一篇以此为主题的研究论文中，达利（Darley）和拉丹（Latané）于1968年对杰维斯谋杀案给出了回应，牧师、教授及新闻评论员都在试图寻找这些人面对反人类暴行时依然保持冷漠的原因。他们的结论从"道德败坏"到"城市环境造成的非人性"，再到"异化""失范"和"存在主义绝望"。然而，大家难以接受这些解释，认为除了冷漠之外，一定还有其他的原因。

在这个开创性的实验中，参与者对研究的性质一无所知，他们来到一条长长的走廊上，走廊两旁的门都开着，通往其他的小房间。一位研究助理将会接见这些参与者，并将他们带到其中的一个房间，坐在一张桌子前。有人递过来耳机和麦克风，并要求参与者听从里面的指示。

通过耳机，参与者会听到一名研究人员解释说，他对大学生面临的个人问题很感兴趣。之所以利用耳机是为了保护参与者的隐私，这样就不需要与其他参与者进行交谈了。另外，参与者还被告知，稍后会对其表现出的反应和声音进行录制，但研究人员不在场。所有相关人员都会轮流发言，每人有两分钟时间。有人讲话时，其他人需要保持安静。

这时，耳机里传来参与者的声音，讲述她初到纽约时的经历，然后挨个分享，这时候又回到了第一位参与者，他的声音越来越大，越来越语无伦次。

> “我–呃–嗯–我想我–我需要，如果能再给我一个健美者–呃–呃–呃–呃–呃给我一点小帮助，因为–呃–呃–啊–有一个–嗯––个真正的问题–呃现在和我–嗯–如果有人能帮助我，它会更–呃–嗯–肯定是好的。……因为–呃–那边–呃–啊，因为–呃–啊–我有一件–啊，呃–呃事情正在发生，而且我真的可以使用一些帮助，所以如果有人给我一点啊–帮助–啊–呃–呃–呃–呃–呃–可能有人会帮助呃–啊–啊（窒息声）。我会死的。去死吧，救命啊——”（先是窒息，然后安静。）

这时候，参与者彼此间无法交流到底发生了什么，每个人都只身一人。在参与者不知情的前提下，研究人员正在计时，即离开研究室并寻求帮助需要花多长时间。其中有85%的人认为实验只涉及自己和那名癫痫发作的人，在那个人癫痫发作前寻求帮助并获得帮助的平均时间是52秒。在那些认为还有另外一名参与者的人中，62%的人在结束前得到了帮助，平均花费了93秒的时间。对于认为共有6名参与者的人来说，31%的人在最后关头获得了帮助，平均花费的时间是166秒。

现在看来，这个实验非常逼真（你是否能想象出他们利用信守的道德规范来撇清自己的场景？）。根据研究人员描述，无论参与者是否有所行动，他们都认为这个场景非常真实，也很严肃。当然，还有一部分人选择不去请求帮助，但他们这么做也不是因为冷漠。他们的情感似乎比那些有所行动的人更容易受到波动，之所以不作为，是因为他们陷入了一种决策麻痹，卡在反应过激和破坏实验这两个最糟糕的选项中间，也有一部分参与者对没有做出反应而深感内疚。

1970年，兰塔尼昂德·达利（Latanéand Darley）提出了一个五步心理学模型，更好地解释了这种现象。他认为，为了进行干预，旁观者必须：①注意紧急情况；②相信紧急情况的真实性；③有个人责任感；④相信自己有处理这种情况所需的技能；⑤做出提供帮助的决定。

阻止我们采取行动的不是缺乏对他人的关怀，而是三种心理过程的结合。第一种心理是责任的扩散，即我们会认为团队中的任何人都可以提供帮助，那么为什么必须是我呢。第二种心理是评估恐惧，即当我们公开行动时，害怕被他人评判，害怕尴尬（尤其在英国这样的地方！）。第三种心理是多元主义的无知，在评估的程度比较严重时，我们倾向于依赖别人的反应，即如果没有人伸出援手，可能也不需要我多此一举了。通常情况下，旁观者越多，我们越不可能对一个急需帮助的人施予援手。

2011年，彼得·费舍尔（Peter Fischer）及同事回顾了该领域50年来的研究成果，其中包括7 700多名参与者的数据，在对原始的实验进行改进后，参与者被分成两部分，一部分在实验室进行实验，另一部分在野外进行实验。研究人员找到了旁观者效应的证据。到今天，旁观者的数量和作用仍然不可小觑。在犯罪现场围观的人越多，我们就越有可能忽视痛苦的受害者。

不过研究人员也发现，对于身强力壮且明显处于体能优势的行凶者，人们反而愿意去帮助，就算旁观者特别多，也不会有什么影响。尽管目前的数据分析显示，提供帮助的比例随旁观者人数的增加而减少，但情况也不像人们预想的那么糟糕。旁观者的抑制作用也不是强大到坚不可摧，特别是在危急情况下。这一结论也给予了我们希望，当目睹别人确实需要帮助时，人们往往愿意提供帮助，哪怕有很多围观的群众。

在基蒂·杰维斯案件中，那些选择旁观、没有施予援手的人群动机很复杂，可是无动于衷的破坏作用基本上等同于直接施暴。当你身处某种情形下，感觉到或看到有危险可能会发生时，一定要采取行动进行干预，至少要向相关部门和人员提供信息。不要想着别人肯定会做，因为他们可能和你的想法一样，旁观者一旦无视，就可能会带来致命的后果。在很多国家，不上报本身就是一种犯罪。我认为，这种强制性报告法颁布的背后就是引导社会公共观念朝着正确的方向发展。一旦你察觉到某种犯罪行为可能发生，就不会掉以轻心或置身事外了。接下来我们看一下，在何种情况下你会发展成罪犯而非旁观者？

错误命题

电视上一次又一次地报道恐怖袭击事件，于是不断有人问，为什么有的人会变成恐怖分子呢？

我们先来讲一个概念，“恐怖主义”这个词最初出现在18世纪末的法国，当时雅各布政府实行恐怖统治，所以“恐怖主义”被用来描述国家对本国人民实施的带有政治动机的暴力行为。可在19世纪的欧洲，这个词的含义发生了很大变化，从政府的暴力恐吓转变为针对政府的暴力恐吓。最后，“恐怖主义”才变成我们今天所熟悉的含义。

恐怖主义包括使用恐怖和暴力的政治武器或政策来进行恐吓和征服。虽然许多定义，包括美国国务院所赋予的，都将恐怖分子描述为“次国家集团或秘密特工”，但许多人对此持有异议，并强调有必要将国家视为恐怖主义特工。

至少有一件事是肯定的，一个人不会因为患了精神病而杀人，从而成为恐怖分子。宽泛地讲，恐怖分子不会头上长角，似乎也没有任何特殊的人格或星座。正如安德鲁·西尔克（Andrew Silke）在2003年所著的《反恐心理学》一书中所总结的那样：“很简单，最好的实证研究并未表明，也从未表明，恐怖分子具有独特的个性，或者他们的心理在某种程度上偏离了正常人。”

2017年，包括阿曼多·皮钦尼（Armando Piccinni）及同事在内的许多专家进一步回应了这一观点。他们发现：“人们普遍认为恐怖分子就是精神失常者或精神变态者；然而，没有任何证据表明恐怖分子的行为可能是由以前或现在身患精神病而导致的……另外，这些理论大多不能解释，为什么如此多的人身处相同的社会条件下或表现出相同的心理特征，只有极少数人加入了恐怖组织。”恐怖分子可能会被描绘成恶人形象，但作家兼哲学家艾莉森·贾格尔（Alison Jaggar）试图找到对恐怖分子更好的定义。她声称：“他们很可能将自己视为采取特殊手段为崇高事业而战的战士，而且只有自己才能胜任。”

什么样的人会成为极少数恐怖分子中的一员呢？就像阿米尔（Amir，姓氏未公开），我们对其并不了解，只知道他是一个生活在土耳其的普通少年，高中毕业后上了大学，随后辍学。他的父母给他施压，要求他找个妻子，找份工作，过简简单单的生活。就在这个时候，恐怖组织ISIS承诺每个月给他50美元，外加一栋房子，并配备一个妻子。他似乎顺理成章地就成了组织里的一员，进入了叙利亚。2015年，当他与NBC交谈时，一位采访者问他：“你怎么会加入这样一个组织？”阿米尔泪流满面，解释说：“我的生活很艰难，没有人喜欢我……我没有几个朋友，还经常上网玩游戏。”他声称，ISIS给了他一个选择的方案，还让他观看了那些“充满诱惑力的视频”。但当阿米尔面对在战场上杀死对手的真实任务时，仅仅三天的战斗后，他就投降了。事实证明，他觉得自己没有杀戮的能力，实际上ISIS也不能给他想要的任何东西，包括归属感、生活目标、经济稳定、朋友和爱情。

我们中的大多数人对孤独并不陌生，也会在网上玩游戏，也有爱唠叨的父母，但我们并没有成为ISIS战士。那么，阿米尔有什么不同呢？

事实上，我们一无所知。尽管我们谈论了很多关于恐怖主义的话题，但实际上我们对一个人为什么会成为恐怖分子知之甚少。这个结果真让人泄气。根据恐怖主义专家约翰·霍根的说法：“面对一系列似乎永无休止的恐怖事件，以及同样具有侵略性的媒体报道，对于经验丰富的专家来说，给出一个不同的且诚实的回答更具诱惑力。实际上，我们不知道人们为什么会成为恐怖分子，心理学家也无法预测谁更容易成为恐怖分子。这个答案并不能安抚人们在遭受或目睹恐怖活动后惊慌的内心。在一次恐怖袭击后，我们需要一个线索，按照这个线索就可以锁定潜在的恐怖分子个体。因为我们已经意识到这样的攻击可以发生在任何地方、任何人身上，通过一些线索就可以控制恐惧感。”

然而，我们的政府也乐于为我们绘制假象，随时为我们提供无用的建议。2018年，美国国土安全局给了我们一些线索，“如果你看到什么，就说出来”。他们含糊不清地解释说：“当你看到某些东西不应该在那里，或者某人的行为似乎不太正常。”坦率地说，这种解释就像一个失明许久的人重见了光明，然后大呼：“啊，我看到了！我看到了！”

据伦敦大都会警察局在2018年采取的方法认为，潜在恐怖活动的迹象主要与制造炸弹和策划袭击有关。他们需要了解公众“是否注意到有人无明显原因地购买了大量或非常规数量的化学物品”，或者“是否认识一个总是到处旅行的人，但从来不知道他去过哪里”，又或者“你有没有见过一个说不出特殊原因却拥有几部手机的人”。最后一条，是我最认同的。

尽管如此，这些指示看起来还是含糊不清，因为反恐组织和警察部队的确不了解公众应该注意到的目标。尤其对于像伦敦这样的大城市，三教九流的人在做着各种奇怪的事情，就连给“可疑行为”下个定义都相当困难。

因此，许多反恐程序并没有实效也就不足为奇了。早在2006年，辛西娅·卢姆（Cynthia Lum）及同事就批评了有关反恐的文献：“我们发现，关于反恐干预的评估研究少之又少。从我们所发现的评估来看，有些干预措施要么没有达到预期的效果，要么画蛇添足，反而更易滋生恐怖主义。”

丽贝卡·弗里斯（Rebecca Freese）在2014年的一份反恐审查报告中也表达了对上述观点的认同，她认为我们仍然双眼紧闭，因为反恐研究“既缺乏足够的严谨性，又缺乏对决策的影响力”。展望未来，我们必须小心翼翼，拿捏好措施的分寸，我们对威胁的过度反应反而会增加我们受到攻击的风险。

与其他类型的犯罪相比，恐怖主义之所以缺乏证据是因为事发突然，以至于很难研究和预测。除此之外，恐怖分子来自各行各业。恐怖主义专家约翰·霍根说：“对于每一个加入所谓的伊斯兰国家的年轻穆斯林来说，他们被剥夺特权、充满愤怒，部分来自富裕的家庭，能够很好地融入社会。他们加入组织后，背离了之前的生活、工作、朋友和配偶。甚至有时，全家都是组织成员。对于每一个在别人的动员下加入宗教的人士，我们会发现，一部分人完全不了解所属宗教的教义或活动，另一部分人则是新来的皈依者。这一点不仅适用于ISIS，也适用于其他许多恐怖组织。甚至对所谓的‘独狼’恐怖分子也不能给出具体的心理特征侧写。”

无论是恐怖集团还是恐怖分子，都如此复杂多样，我们对此缺乏有效的数据，就连谁会变成恐怖分子都是个错误的命题。

虽然我们不能确定谁会成为恐怖分子，但学者们确实了解一些关于激进组织的流程。今天，与激进主义和恐怖主义关系最密切的组织之一是圣战恐怖分子。据英国广播公司报道：“圣战分子认为，为了根除障碍，恢复上帝在地球上的统治，保卫穆斯林社区，反对异教徒，暴力斗争是必经之路。”其中障碍包括西方意识形态和生活方式。

在回顾文献并深入探讨圣战恐怖主义之后，克拉克·麦考利（Clark

McCauley）和索菲亚·莫斯卡伦科（Sophia Moskalenko）于2017年提出了两座金字塔的激进主义模型。他们认为，激进主义有两个方面让人们很难理解。首先，大多数持极端主义观点的人从不从事恐怖主义活动；其次，更令人费解的是，有时候恐怖分子并没有激进或暴力的信仰。在他们的模型中，信仰之间的联系并不充分，他们将激进的观点与激进的行动采取了剥离的方式。

模型的两座金字塔中，第一座是信仰金字塔。“在这座金字塔的底部，是对政治毫不关心的人，再上一层是那些相信政治事业但不拥护暴力的人（同情者），更高层是那些捍卫事业且拥护暴力手段的人”。通过投票数据，我们可以在金字塔上标注一些数字。根据麦考利的说法，超过一半的穆斯林认为反恐战争是对伊斯兰教的战争——这群人对他们所从事的事业表示理解。但在美国和英国，只有大约5%的穆斯林认为，为了捍卫伊斯兰教而进行的自杀式爆炸部分是正当的。这5%的穆斯林就是信仰金字塔的尖顶。

ISIS的“战士”阿米尔也谈到了这一点。虽然他的动机似乎比理想更实际（最重要的，是送老婆！），他在ISIS接受的培训，证明了激进信仰和行为的正常化和正当性。他说：“没有人喜欢无缘无故地杀人。”ISIS领导人为他们的斩首辩护，称有必要向公众灌输恐惧，让其他人闻风丧胆，然后抱头鼠窜。他们把同性恋者从高楼上扔下来，证明杀害同性恋者的正确性，因为同性恋者像女人一样，只能算半个男人。他们对于大规模杀死妇女也振振有词，因为所有被杀的妇女都是通奸者。在培训期间，ISIS积极地激励他们的新兵，并为他们提供极端暴力的理由。

然而，信仰金字塔的高度本身不足以成为恐怖的理由，这可能是阿米尔在第三天就不干的原因之一，他只是不想杀人。这些原因被称为推动的因素，有助于恐怖分子脱离他们所在的组织，也是组织成员无力应付暴力的心理表现，从而无法将恐怖主义行为坚持到底。要想留下，他们就必须在行动金字塔的高处。

麦考利和莫斯卡伦科说道："在行动金字塔的底部，是不为政治团体或事业行动的个人（惰性分子）；上面一层是为了事业而采取合法政治行动的人（积极分子）；更高一层是为了事业从事非法行动的人（激进分子）；在金字塔的顶端，是针对平民采取非法行动的人（恐怖分子）。恐怖分子不仅需要坚持意识形态，还必须遵守行为准则。"

那么，我们对手头掌握的信息应该进行怎样的处理呢？首先，我们不能假想一个人只是单纯地从事"圣战"活动，而是要知道这些人从理性上做出了个人的选择，并获得了某些回报。我们也不能把恐怖分子当成邪恶的、不顾一切伤害普通人的精神病患者。相反，我们应该去审视一个人是如何逐步转向接纳暴力、秉持更激进的信仰并采取犯罪行为的。这一变化也与其他类型的不法行为有关，我们中的任何人都有可能在这场转变中蜕化为恐怖分子。

接下来，我们将进一步讨论究竟是何原因能让一个人变得残暴，如何换个角度将恐怖分子从受害者的立场来加以思考。

路西法效应

许多人觉得恐怖分子及潜在的恐怖主义者活该受尽酷刑的折磨。

但法律、伦理和道德在这方面有诸多约束，而且根据劳伦斯·艾莉森（Laurence Alison）和艾米莉·艾莉森（Emily Alison）在2017年的说法，目前还缺少证据表明酷刑的效用如何。回顾了酷刑的相关证据后，他们做出了总结，当大部分酷刑被用作刑罚时，我们通常无法获得可靠的信息。他们还表示："有着报复动机的审讯频繁发生在有强烈冲突、高度不确定性和剥夺敌人人性的情况下。"

在反恐战争期间，伊拉克的阿布·格莱布（Abu Ghraib）监狱被改造成了军事监狱。2003—2004年，监狱风云系列故事和文件证据遭到曝光，监狱中侵犯人权的行为被赤裸裸地披露于公众面前，包括酷刑折磨、身体虐待、性虐待、强奸，甚至是谋杀。军方人员不仅犯下了这些罪行，还出于一些奇奇怪怪的原因拍摄了逾千张照片，记录下了其中的大部分罪行。照片上的犯人或者全身赤裸，或者蒙着面部，或者邋遢肮脏，他们要么被迫相互口交，要么摞成人体金字塔，再么被人在身上穿孔，要么被注射一些物质。在一些照片中可以看到军人的影子，他们骑在囚犯身上竖起大拇指或面带笑容。这些照片的曝光引发了公众的质问："究竟发生了什么？"

社会心理学家菲利普·津巴多是阿布·格莱布监狱警卫的一名专家证人，他可以接触到这些犯事的军人，还可以看到那些记录罪证的一千多张照片，他将这些照片视为"邪恶影像"。但他不认为这些犯事的军人骨子里就是坏人，他们更像是坏了一锅粥的"老鼠屎"。不，他发现"这些军人所处的体系滋生了腐蚀他们的环境"。他随后进行了一项很著名的实验，来测试环境能把一个正常人祸害成什么样。

菲利普·津巴多大半生致力于研究"好人为什么会被腐化"的社会和结构影响，他将其称为"路西法效应"。他最著名的一项实验，同时也是心理学领域中最著名的一项实验，名称平淡无奇——“模拟监狱中的人际动力学”，这项实验更广为人知的名称是“斯坦福监狱实验”。克雷格·哈尼（Craig Haney）和柯蒂斯·班克斯（Curtis Banks）在1973年共同发表了一篇研究论文，这篇论文彻底改变了我们关于社交如何影响行为的看法。不过这篇论文在2018年受到了公众的猛烈抨击，尽管它的观点经常受到质疑，但很多学术研究依然会借鉴这项实验的结论。

原始的论文这样记述，该团队通过海选挑选了一些男大学生。随后让这些男生参与一项关于监狱生活的心理学研究，日薪15美元。实验一共挑选了21人，随机指派其中的10人作为犯人，剩下的11人则充当狱警。研究人员告诉囚犯，他们会选定一个星期天，电话通知这些囚犯开始实验。然而，事实并非如此，参与者在没有任何防备的情况下被一名真正的警察拷走了，他们被带到警局。犯人在按了指纹、被拍摄照片之后，被蒙上眼睛，然后被带到一间模拟监狱。在那里，他们会被剥得精光、遭到液体喷射或裸体罚站。这些犯人身着印有编号的制服，进入各自的牢房，他们将在这里度过接下来的两周。

在原始的记录中，监狱是这样的：“这所监狱建在斯坦福大学心理学院大楼的地下室中，是一块长约35英尺①的地方……三间小小的牢房是由实验室改装的，门框上安装着黑漆漆的铁栅栏，房间里除了一张配备了床垫、床单和枕头的婴儿床以外，没有其他家具。一个小衣橱则充当了禁闭设施，衣橱内昏暗无光。”犯人们从早到晚都不能离开牢房。

那些“狱警”就完全不一样了。在见犯人的前一天，他们见到了“监

① 1英尺=0.304 8米。

狱管理员”津巴多，并被告知要在实验中扮演狱警的角色。狱警的工作是在监狱里下达合理的命令，以保证监狱高效运转，同时负责给犯人供餐、分配工作及提供娱乐。

除了明确规定禁止体罚和攻击犯人及只能呼叫犯人的编号外，狱警的行为几乎不受约束。与囚犯不同，狱警每8个小时轮一次班，轮休期间可以回家。犯人只能窝在不见天日的牢房中，而狱警可以待在自己的宿舍里，宿舍里还有一个娱乐室。

把自己想象成狱警，你觉得自己的表现会如何呢？看起来似乎很简单，你觉得自己可以尊重并善待这些犯人，对他们体贴周到，因为你知道研究人员正观察着你的一举一动。然而，正因为你已经知道有人看着你或你期待自己的表现良好，所以对于实验来说意义并不大。

不过在通常情况下，我们的情绪很容易失控。接受任务后仅仅过了数个小时，狱警就开始骚扰这些犯人了。凌晨两点半，狱警吹响哨子叫醒了犯人，随后开始侮辱犯人，命令犯人做一些匪夷所思的事情。第二天，犯人们受不了狱警的折磨，奋起反抗，他们将自己锁在牢房中，死活不肯出来。狱警为了恢复秩序，将牢门砸开。他们将犯人的衣服剥光，要求犯人将袋子挂在脑袋上做俯卧撑及其他羞辱性的运动，以示惩戒。带头反抗的犯人被关了好几个小时的禁闭。犯人们的情绪开始失控，其中一名犯人开始绝食。

原计划开展14天的实验不得不在第6天就提前叫停。根据原始记载：“我们目睹了一群正常、健康的美国大学生被赋予了两种不同的实验职能，作为狱警的一方，他们似乎通过侮辱、恐吓、羞辱及剥夺同伴（被选作犯人的一方）的人权来获得快乐。对于我们来说，最具戏剧性和令人恐惧的是，观察到了原本没有虐待行为的人轻易就激发了自己的攻击行为。”在6天的实验过程中，狱警的骚扰和语言攻击不断升级。实验结束后，报告显示，狱警很快便开始了对犯人人权的侵犯：“回顾这一切，我当时对他们甚是冷漠。”“我眼睁睁地看着他们依照我们的命令互相撕扯。”“我们无时无刻不在向他们宣示我们的阶级地位。”狱警辩称自己的侵犯行为合法得体，因为他们只是在进行“角色扮演”，尽管犯人们情绪崩溃之类的反应都非常真实。

犯人们也给出了自己的说法：

> “基于实验设定，我们不得不低人一等，而这确实将我们打入尘埃里了。这也是我们一直到实验结束都温顺无比的原因。”
>
> “我开始迷失自己，找不到自我。那个主动把自己送入监狱（没错，我觉得这里就是监狱，不是什么实验或模拟监狱）的人十分遥远，我甚至觉得那个人不是我。我是谁呢？我是416号犯人。我什么都不是，我只是一个冰冷的编号，因为这个编号能决定我需要做些什么。”
>
> “我发现人类很容易不把同类当人看待。”

为什么实验中的矛盾会升级呢？为什么参与者不离开实验呢？津巴多认为导致情况恶化的主要原因是人性被剥夺。受所穿制服的影响，参与者认为狱警和犯人是完全不同的两个群体，他们并没有将自己当成独立的个体看待。当我们觉得自己是某个群体的一分子时，就意味着丧失了自我意识。曾经有一个名叫约翰·韦恩（John Wayne）的狱警受大男子主义和牛仔的影响，行为渐渐失控。而整个狱警团队受到他的影响，开始觉得行为不当也不是什么大不了的事。同样，一旦囚犯认命，开始接受失控和限制行为的做法后，所有囚犯都会变得更加消极。

根据津巴多的说法，“有七类社会行为可以加速邪恶的滋生”，具体如下：

（1）无意识地开展第一步。

（2）剥夺他人的人权。

（3）失去自我。

（4）宣扬个人责任。

（5）盲目服从权威。

（6）盲目遵守群体规则。

（7）通过不作为或无视的方式被动容忍恶行。

与恐怖主义金字塔类似，我们需要思想上的渐变，以证明侵略行为的增多是为了加强控制；之后进一步做出行为上的改变，实际上发生了越来越多的侵略行为。

尽管该研究是否符合伦理受到了严重的质疑（包括津巴多本人也受到了严厉的批判），对实验结果的解释也受到了多方的挑战（来自心理学家、记者、参与者等），但这些结果极大地影响了我们对群体间和跨群体侵略性行为的看法。津巴多描述自己的工作及斯坦利·米尔格拉姆早先针对服从性开展工作时说：“做出恶行的人不一定是恶人，这可能是由强大的社会力量的运作导致的。”

我认为，理解那些影响我们的社会力量，能够帮助我们理解那些被组织腐化的人，并产生共情，还能帮助我们更好地保护自己免受社会力量的影响。知识就是力量，清楚地认识到自己很容易变坏这个事实，加上同队成员的鼓励，能够让我们发现且抑制自身的激进行为。悬崖很深，但你要知道自己随时都可以爬上来。

良知问题

我们重新回到本章开始时讨论的问题——纳粹主义。

1961年，阿道夫·艾希曼作为大屠杀的主要责任人接受了审判，他的罪名包括大规模将犹太人驱逐至贫民区和集中营。正如主审法官在判决期间所说，艾希曼的罪行“从性质和范围来说，极其恐怖”。哲学家汉娜·阿伦特（Hannah Arendt）（听起来可能有点讽刺，这是一名种族主义者）报道了艾希曼的判决。她首先在《纽约客》发表了一系列文章，接着在1963年出版的畅销书《艾希曼在耶路撒冷：一份关于平庸的恶的报告》（*Eichmann in Jerusalem：A Report on the Banality of Evil*）中，总结了审判的展开及她敏锐的观察力——她试图看清这个带着恐怖面具的男人。

虽然控方试图证明艾希曼是个变态虐待狂和怪物，但他们发现，其实艾希曼也是一个普通人，他更关心的是他如何将工作做好，而不是问自己做这些事情在道德上是否合理。阿伦特将艾希曼描述成一个更加关注时间安排和旅行花销的人，而较少关注他所遭受的现实。正如阿伦特所说：“艾希曼的问题恰恰在于有很多人与他极其相似，这听起来很可怕，但又特别正常。”

包括艾希曼在内的纳粹分子已将对其进行的纳粹洗脑内化成自己思想的一部分，很多人因此不再为自己考虑。根据阿伦特的说法：“这些谋杀犯脑子里只想着要参与历史性的、伟大的、独特的事情当中，而这些事情必定是他们难以承受的。这很重要，因为杀人犯本质上并不是虐待狂或生而嗜杀，他们相信自己正朝着一种高尚的、顾全大局的利益而努力，而且他们所进行的杀戮和破坏只是短期内不得不承受的负担。”

可这说起来容易做起来难。人类天生就会对同类的苦难遭遇产生怜悯、悲伤和内疚之情，这些感情阻止了我们互相伤害。所以，那些对自己的事业怀有信仰的纳粹高官不得不帮助手下的士兵克服其“良心问题”。当时德国人接受的教育是自己才是受尽折磨的人，他们在牺牲自己。在扭曲的现实背景下，不杀人反而成了一件很奇怪的事情，也显得很自私。泯灭自己的良心就是牺牲大众的福祉，这样的现实使得人们很难知道或感觉到一个人是否做错了事。

然而，我们可以因为艾希曼是时代的产物就原谅他吗？我不这么认为。

艾希曼的主审法官不接受他只是遵照指令的说法：“即便我们发现被告人的行为像他说的那样出于盲目服从，我们仍然会说，一个长期参与严重罪行的人必须受到法律最高刑罚的制裁，他休想以任何借口来减轻惩罚。”法官明确指出，盲目服从不是给受害者造成极端痛苦的借口，从来都不是。现行法律同样规定，士兵不应该遵守违法的命令，他们不能以此作为自己做错事的借口。最终艾希曼被处以绞刑，“因为其对犹太人犯下了侵犯人权的罪行及他主导的战争罪行”。

当然，这件事不能只归咎于一个独立的个体，不能只怪罪艾希曼一个人。正如阿伦特写的那样："最终，人类将无声地坐在审判席上等待审判。"在这个案例中，一个普普通通的人或多或少需要对逝去的600万条生命负责，这对我们所有人来说都值得警醒。

在本章中，我试着解释社会环境如何影响了人类的行为，从而将最糟糕的一面呈现在我们眼前。我试图解释为什么我们都会发现自己被迫随大流，不得不和其他人想的一样，不得不随着大部队行动。但解释与借口不一样，因为我们知道环境对我们的影响有多深，这并不表示我们在行为上的表现就要很糟糕。我认为恰恰相反。

阿伦特认为邪恶是平凡无奇的，像津巴多和米尔格拉姆这样的学者认为，只要条件允许，我们都有犯罪的能力。在此问题上，我想更进一步来解释。如果我们都是邪恶的，或者都有能力变成邪恶的人，那么"邪恶"这个词还是不是我们理解的那种含义？如果邪恶不伴随着最严厉的谴责，那么邪恶的意义到底是什么呢？

我希望我们在生活中不要给任何行为或个人贴上"邪恶"的标签。相反，要试着将犯下罪行的人拆分成独立的个体。然后，像侦探一样仔细地观察每一个个体。我们要寻找的是为什么会发生此类罪行的线索，可能也在寻找一些有用的信息，用来帮助我们预防将来会发生此类事件。

既然我们已经了解了一些影响犯罪者的因素，我们就更有责任遵守道德规范。通过理解群体压力、旁观者效应、权威和去个性化等概念，我们有责任在这些社会压力试图引诱我们做出不道德行为时进行反抗。我们要谨慎一些、勤奋一些、坚强一些，因为我们造成的任何苦难，最终都会反射到自己身上。

不论我们讨论的是希特勒还是纳粹主义，是强奸犯还是强奸文化，是恐怖主义者还是激进的信仰体系，我们都可以看到人们是如何受到自身大脑、性格和所处环境的影响的。在本书中，我们依次探究了极端的情境、思想和概念，以及那些经常触及我们生活的东西。我们徘徊于许多人通常不敢参与的主题中，有时候你可能会觉得不舒服、不安，甚至愤怒。

我也会感到不舒服、不安，甚至生气。书中的部分章节很难下笔，所以我想，这对于读者来说应该也不是特别好理解的。有时候我需要提醒自己，这些实验和思想有助于人类成长。通过对彼此和自身的了解，我们会作为一个整体，齐头并进。

那么，我们现在可以做些什么呢？此刻，关于“邪恶”的讨论才刚刚开始。

尾　声

有一个术语叫作“灾难旅行”，是指去那些被自然灾害或恐怖的历史事件摧毁的景点和地域。从某种程度上来说，这本书也是如此。我们在那些发生过恐怖事件的地区采访过许多案例，了解这些地区的人类行为，并探究了这些恐怖事件到底是怎样发生的。

社会学家米勒·德蒙德（Miller DeMond）认为“灾难旅行是自我反思的载体”。他认为，这些灾难景点会向人们传递一种信息，让人们能够更好地诠释和了解自己的生活。“灾难旅行”也被视为一种教育工具，用来缩短人们疗伤的时间。通过这样的逆境之旅，我们能够更好地了解过去发生的事情，而且变得不那么害怕了。我们可以从中学到很多东西，从而继续前行。

这本书并没有深入探究邪恶，只是针对当今社会所面临的一些关键问题进行了探讨，我很关注这些问题。此书的目的是抛开我们对邪恶先入为主的观念及我们曾接受的大量错误信息，也是为了展开关于邪恶的话题，为了让这个话题更加贴近你我，不再那么抽象和遥远。

那么，邪恶是真实存在的吗？从主观上来说，是的。你可以将虐待狂的折磨、种族屠杀和强奸统统称为邪恶。你可能指的是特别具体的事情，而且你有理由证明自己为什么将某个人或某件事视作邪恶的。然而，一旦你和他人讨论起邪恶，你可能就会发现，你所认为的邪恶可能在别人眼里并非如此。当然，一旦你将做出邪恶之举的人带入讨论当中，你可能会得到不一样的反馈。就像哲学家弗里德里希·尼采所说的，邪恶只存在于事情发生的那一瞬间。而且邪恶产生的速度之快，一旦我们的感知发生变化，邪恶就会消失。

当我们认为某件事邪恶时，其实我们在创造邪恶。邪恶展现于词语当中，邪恶存在于主观概念中。但我笃信没有任何人，没有任何群体，没有任何行为，也没有任何事情，本质上就是邪恶的。也许，邪恶仅仅存在于我们的恐惧之中。

你可能听过一种说法："我之蜜糖，彼之砒霜。"很多情况下确实如此，在我看来是保家卫国的士兵，可能在敌国人眼里就是叛乱分子，一个人的性救赎可能是另一个人堕落的开始，一个人梦想的工作可能是另一个人避之唯恐不及的东西。当我们得知旁观者如何看待邪恶时，我们便开始质疑旁观者和他们所处的环境。当我们只关注自己时，我们意识到，我们有时候甚至会背叛自己的良心。

我将其视为一个难以攻克的主观性问题，所以我认为人类及其行为都是不应该被称为"邪恶"的。不过，我发现了其中复杂的决策生态系统、一连串的影响，还有多方面的社会因素。我并不愿意用"邪恶"这样一个充满恶意的词语来形容这些东西。

我不认为邪恶是一种客观现象，但这并没有使我变成道德相对主义者。我对于那些客观上的适当行为和不当行为有自己的看法，我相信基本的人权，我也认为下意识地对他人造成痛苦和磨难的行为是不可宽恕的。作为社会的一分子，我觉得我们需要在有人违反社会契约的时候采取行动。

更重要的是，越了解那些繁杂的、导致问题行为的影响，我们就越有可能识别这些影响，并且阻止其发挥最大的作用。我们要明白，每个人都有可能造成很大的伤害，这会让我们更加谨慎，也更加勤奋。这是一份多好的礼物啊！

读了这本书，你可能会对人类产生错误的印象，觉得人类是很可怕的生物。但这并不是我想要表达的观点。事实上，我更倾向于将我们日常称为邪恶的东西，视作人类经验的一部分。我们可能不喜欢这样的结果，但人类所倾向的东西好坏与否，并非与生俱来的——就是你所看到的这样。

令人困惑的是，很多驱使我们造成伤害的因素，同样能够让我们对社会做出贡献。例如，弗朗西斯卡·吉诺（Francesca Gino）和斯科特·维尔特姆斯（Scott Wiltermuth）在2014年进行的一项研究表明，不诚实的行为其实可以促进一个人的创造力，因为破坏规则和跳出框架来思考是很相似的思维模式，都让人有摆脱了受到规则束缚的感觉。创造力带来了现代医学、现代技术和现代文明，但它也给了我们氰化物、核武器和威胁民主的机器人。同时，一个人也能够轻易带来巨大的利益或造成严重的伤害。

同样，离经叛道可能也是一件好事。离经叛道可以使我们学坏，但也能让我们成为英雄，比如学校里那些为别人出头欺侮他人的孩子，或者违反命令杀害平民的士兵，抑或者拒绝抹去恋童癖记录的治疗师。

斯坦福监狱实验的发起者菲利普·津巴多曾经说过，人们很容易被带坏。但在过去几年里，他的注意力已经转向研究极端的亲社会行为。为了对汉娜·阿伦特的工作表示赞同，他就英雄主义平庸论提出了自己的观点。就像邪恶一样，很多人认为英雄主义只可能出现在少数人身上，比如那些不太正常的人。其实英雄主义般的行事能力从根本上来说也是平凡无奇的，甚至人人都有。有人说，你永远都不应该遇到你的英雄，以免在你发现他们平凡一面时感到失望。但我们应该为意识到这一点而感到庆幸。

就津巴多监狱实验得出的结果，爱尔兰政治家埃德蒙·伯克曾经说过一句名言：“邪恶取得胜利唯一的必要条件是让好人无所事事。”那么，我们该如何教人们做点什么呢？津巴多认为我们应该培养“英雄想象力”。

我们需要做三件事来培养“英雄想象力”。首先，我们需要分享一些代表其价值观的普通人的故事。我们需要刺激人们的想象力，让他们想象一些普通人变成的英雄，意识到普通人也可以成为英雄，因为并非所有的英雄都身披斗篷。其次，我们需要让人们时刻准备好在机会来临时充当英雄，你可以想象自己成为英雄时的威风凛凛，也可以想象你在危急关头会如何表现。再次，我们需要告诉人们英雄并不是独行侠。他们可以召集其他人，建立更加广泛的人际网络。

这本书的目的在于传递信息，并且告诉你能够做些什么。当我们明白导致伤害的原因时，我们就可以与其战斗。这包括采取行动来制止伤害、抑制自己想要伤害他人的冲动，同时帮助那些伤害过他人的人。无论我们赞成与否，无论我们为何而斗争，无论我们是何感受，我们都不应该剥夺他人的人性。

关于邪恶的10件事：

（1）称呼他人为恶魔是疲于动脑的表现。

（2）我们的大脑都有点虐待狂的倾向。

（3）我们都有能力进行谋杀。

（4）我们的恐惧雷达并不灵敏。

（5）科技能够放大危险。

（6）性变态真的很常见。

（7）所有的怪物都是人。

（8）金钱可以缓解伤痛。

（9）文化不能成为残忍的借口。

（10）我们必须说出那些难以启齿的话。

最后，我只有一个愿望，即不要再用邪恶来形容人类或其行为了，不要忽略那些行为间潜在的细微差别。

我希望大家能够思考那些不可思议的事情，说出那些难以启齿的话，解释那些无法理解的事情，因为只有这样，我们才能够阻止那些看起来难以阻止的人和行为。

所以，以全新的角度看待邪恶吧！

你有驾驭一切邪恶的能力：

我仍相信你善心依旧。

——弗里德里希·尼采

致　谢

感谢我的母亲尤特・肖恩，感谢您养育、照顾、疼爱着我，我本想以此书献给亲爱的您，但送给母亲一本与邪恶相关的书确实有点怪异，还请您收下这个“不太正常”的礼物。您在我对犯罪心理学的研究中给予了支持，为我提供了创作此书的大致框架，感谢您。

感谢我的爱人保罗・利文斯顿，感谢你海洋般宽大的爱及支持，感谢你不止一遍地阅读我的草稿。

感谢我的英国编辑西蒙・索罗古德，感谢你对本书孜孜不倦地付出，以及对本书的补充和整理。

感谢我的德国编辑克里斯蒂安・科沃斯，感谢你作为一位朋友及作家对我的信任。

感谢我的美国编辑贾米森・斯托兹和加拿大编辑蒂姆・罗斯特朗，感谢两位让此书成为我的骄傲。

感谢此书的出版人安妮特・布吕格曼，感谢你总是激励我去做更多的事，感谢你教我学会如何应对公开宣传所面临的问题。

感谢我的出版助理，感谢你让此书顺利出版，感谢你助我成就作家之路。